U0397723

上海出版资金项目
Shanghai Publishing Funds

当代科普名著系列

The Medea Hypothesis

Is Life on Earth Ultimately Self-Destructive?

美狄亚假说

地球生命会自我毁灭吗?

彼得·沃德　著

赵佳媛　译

上海科技教育出版社

Philosopher's Stone Series

哲人石丛书

立足当代科学前沿

彰显当代科技名家

绍介当代科学思潮

激扬科技创新精神

策　划

哲人石科学人文出版中心

对本书的评价

◇

极具煽动力地展示了我们星球的历史。沃德提供了一个独特的视角,并强调,唯一明智的选择是管理我们自己和环境。《美狄亚假说》会使任何关心环境的人以不同的方式思考。

——洛夫乔伊(Thomas E. Lovejoy),

H·约翰·海恩兹三世科学、经济和环境中心主管

◇

该书以一种全新而重要的视角对环境问题展开了讨论。沃德打破了那种只要我们顺其自然,自然就会照顾我们的轻松幻想。为了长期生存下去,地球需要一个管理团队,而我们人类必须承担起这项工作。

——麦凯(Chris McKay),

美国国家航空航天局埃姆斯研究中心

《美狄亚假说》富有煽动性,文笔极好,非常有说服力。

——莱文(Simon A. Levin),

普林斯顿大学

◇

"有一个仁慈的盖亚正在努力维持地球上的生命"——对于被这一概念抚慰的人来说,沃德的美狄亚就是个噩梦,一个在地球历史上反复出现多次而且很快就会卷土重来的噩梦,除非我们采取行动来对抗生物圈自我毁灭的倾向。

——孔普(Lee R. Kump),

《可怕的预测——了解全球变暖》(*Dire Predictions: Understanding Global Warming*)的共同作者

◇

主题严肃而文笔流畅,《美狄亚假说》肯定会在专家中引发争议。我整个周末都手不释卷,直到看完才舍得放下。

——阿亚拉(Francisco J. Ayala),

加州大学欧文分校

◇

这是对地球生物学和天体生物学领域的一个影响重大又意义非凡的贡献,因为它为达尔文式进化的本质提供了一个全新且惊人的诠释。沃德的结论既令人不安又发人深省:生命可能是自己最大的敌人。就像詹姆斯·洛夫洛克的盖亚假说一样,沃德的美狄亚假说很可能在未来30年间还会被争论不休。

——科什文克(Joseph L. Kirschvink),

加州理工学院

◇

对生命及其环境的协同进化进行了引人争论的反思。彼得·沃德对最优的/稳态盖亚假说进行了持续批判,提供了一组意义重大的生命产生的正反馈的例子,清楚易懂。该书对未来的研究将有强大的启发性影响。

——施瓦茨曼(David Schwartzman),

《生命,温度和地球》(*Life, Temperature, and the Earth*)的作者

内容提要

    生命给地球带来了勃勃生机。如何看待地球与生命之间的关系？世界环境科学宗师詹姆斯·洛夫洛克曾以希腊神话中哺育生命的大地之母盖亚之名，提出盖亚假说，认为生命会维持地球的宜居环境，使其适合生命持续的生存与发展。这个"好母亲"的形象获得了许多人的欢迎和接受，并在地球科学和大众文化中产生了广泛影响。

    然而，本书作者、著名古生物学家彼得·沃德却提出了一个与盖亚假说截然相反的假说——美狄亚假说。在沃德眼中，生命就像希腊神话中杀害自己孩子的"恶母"美狄亚一样，既创造生命，又带来毁灭，加速包括自己在内的所有生命的死亡。如果任其发展，终有一天，地球上的生命会使适合地球生命存在的条件过早地终结。

    在这本惊世之作中，沃德向读者证明，除了一次地球遭受撞击导致的物种大灭绝之外，所有物种大灭绝都是生命本身造成的。沃德以一种全新的方式审视我们这颗星球的历史，展示了一个生物多样性和生物量直线下滑的地球，而这种下滑正是由生命本身所带来的。沃德警告说，留给人类的时间不多了，人类必须以新方式思考，才有希望自我解救。

美狄亚假说不仅适用于我们的星球，还可推及宇宙中所有可能存在的生命。这一颠覆性的观点势必引发激烈的讨论，并从根本上改变我们的世界观。

作者简介

彼得·沃德(Peter Ward),美国古生物学家,美国华盛顿大学教授,澳大利亚阿德莱德大学斯普里格地质生物学研究所教授,1984年当选为加州科学院院士。沃德专注于研究白垩纪–第三纪灭绝事件、二叠纪–三叠纪灭绝事件等大规模物种灭绝事件。他既是古生物学家,也是天体生物学家,跨领域的工作使他经常在书中提出独到见解。沃德为公众撰写了大量科普作品。1992年出版的《玛士撒拉的足迹》(*On Methuselah's Trail*)曾作为当年最受欢迎的科普读物获得美国古生物学会颁发的"金三叶虫奖"。

致科什文克（Joe Kirschvink）*

＊美国地质学家，加州理工学院地球生物学教授。1992 年首次提出"雪球地球"（Snowball Earth）假说。——译者

为了生存，人类必须为我们星球的未来积极行动起来。这一行动并不是对自然生态系统的回馈或是依赖，而更像是技术工程或星球改造，以此对抗地球将使包括我们在内的所有物种走向灭绝的自然趋势。地球母亲，就像美狄亚，是谋害自己亲生骨肉的凶手，盖亚理论不过是对一段冷酷历史的童话解读，而我们需要依靠"自然/本性"(Nature)来帮助我们脱离险境。

　　　　　　　　　　　　——迪特里希(William Dietrich)*,2006年

　　＊美国地质学家，加州大学伯克利分校地质学教授，2003年当选美国科学院院士。——译者

地球地质年代与主要事件

时间(百万年前)	宙	代	纪	地球历史主要事件	美狄亚事件
? —4600	未命名			太阳系(和地球)形成	
4600—3800	冥古宙			地球起源到生命起源	
3800—2500	太古宙			最早的生命到 最早的真核细胞	大氧化事件; 第一次雪球地球事件
2500—543	元古宙			最早的真核细胞到 最早的有骨骼动物	多次雪球地球事件; 埃迪卡拉大灭绝
543—250	显生宙	古生代	寒武纪 奥陶纪 志留纪 泥盆纪 石炭纪 二叠纪	最早的有骨骼动物到 二叠纪大灭绝	生命导致寒武纪末、泥盆纪中以及二叠纪末的大灭绝;植物登陆陆地导致地导致冰期
250—65		中生代	三叠纪 侏罗纪 白垩纪	最早的恐龙到 白垩纪大灭绝	生命导致三叠纪末、侏罗纪中、侏罗纪末以及白垩纪中的大灭绝
65至今		新生代	古近纪 新近纪	最早的大型哺乳动物到 陆生群落的终结;该时代冰期结束	生命导致古新世末的大灭绝;生命导致长期寒冷和 生命导致更新世冰期;人类进化 全球森林减少;生命导致

目　录

引 言

　　让我们从一个思想实验*开始吧。想象一下那片覆盖着巴西亚马孙河流域生机盎然的广袤雨林。河面宽阔,褐色河水缓慢流淌又势不可挡,向东而去,卷挟着数不清的泥沙,间或还有碎石。它们或是远自最西边正被快速侵蚀的安第斯山脉山脚,或是来自上游河段及河滩本身。和这些未来的沉积岩混在一起的是海量的腐败植物体,大到一整棵树,小到尘粒般的泥炭**。这些产物供养了大批食草动物,食草动物又被食肉动物猎捕,食腐动物则耐心等待它们都变成自己的盘中餐。近水岸边生长着一望无际的丛林,其间树木遮天蔽日。有些树叶拨开层层叠叠的树荫,探到最高处,形成浩瀚树原,犹如一片随煦风舞动的绿色海洋。在赤道的艳阳下,森林表面同底部的暮光世界截然不同,有着跃动的光辉。昆虫、飞鸟和蝙蝠从树冠上或树林间轻快掠过,还有空中成群出现的浮游生物,无论晨昏,铺天盖地,噪鸣喧阗。这一片被雨林覆盖的亚马孙河流域是细胞增殖和腐败的沃土,是迅猛生长又急速消亡的地方,是各种生物用狂烈节奏栖息着的生境,这些生物的生物量

　　* 因在现实中无法做到所以用想象力去进行的实验。——译者

　　** 沼泽的植物残骸在长期低温和积水缺氧的环境下,未完全分解而呈半腐烂状态,经年层积形成的特别的有机质。——译者

不可知,物种多样性程度不可知,形体构型*异质性的形态空间我们对其亦知之甚少。

亚马孙河流域这样的多样性和生物量的宝库,在地球上并非独一无二。我们只要从亚马孙河的入海口继续往东,沿赤道穿过南大西洋直到再次看见大陆,就到了非洲的雨林,这里也有丰富的生物种类、庞大的生物数量。同在南美洲一样,这片丛林横跨了非洲大陆。我们继续向东,再度临水——这回是印度洋,又一次抵达大陆时,我们将置身南亚的雨林。

不同地区的雨林所含的物种各不相同,但这些生境中生命的丰富繁荣程度如出一辙。炎热的雨林是地球上生命最密集且最多样的宝库("密集"和"多样"是两码事),光是簇集于树上的物种——也许光是生活在树上的**甲虫类**物种——可能就比栖息在地球其他生境(包括珊瑚礁和海洋表面)中的所有物种加起来还要多。我们现在说的仅仅是数量多达3000万的甲虫!但还不只如此呢!假如我们要计量来自这些森林的生命物质(从匿于地下的土壤微生物到浮于空中最细小的蜘蛛)的总量,这些生命物质的量很可能占据了地球总生物量的很大一部分(但这是不可能被彻底摸清的),甚至可能超过剩余其他生物的生物量总和(同样,包括了珊瑚礁、海洋表面的浮游生物、温带的北方森林和麦田,以及地层深处的微生物生物圈)。

现在再回到我们的实验。撸起袖子,来点神操作——我们把地球温度仅仅降低几度,就改变了这些森林的气候。这个动作很简单,生命却很快有了反应(事实上是死亡),因为这一降温触发了正反馈机制,导致了进一步的降温,即气候变得越冷,地球越倾向于降温。随着地球变

---

　　*指特定门的动物在发育、形态和功能上的普遍相似之处,是一组结构和发育上的特征,可用以区分动物的门类。特定门类的动物在发育的某个阶段中有着相同的形体构型。——译者

冷,两极开始被越来越多的雪覆盖,有更多光被反射回太空,导致温度越变越低,冰越结越多。热带的森林里当然没有冰,以后也不会有,但温度变化会减少降雨量,更重要的是,降雨变得不规律:季风地区伴随季风而来的降雨不复存在,而以往常年降雨的地区将出现第一个旱季和雨季的更替。那些需要全年雨水滋养的植物开始死亡,而那些在这类特定树种上营专性生活的动物,也随之死亡。

在北方和南方,海洋冰盖和大陆冰川这对冰之双子从沉睡中苏醒,就像伸着懒腰的巨人,向彼此探出手指,直到融为一片白色冰原,陆上冰层厚度超过一英里*。它们一旦缔结同盟,就会迅速向南或向北移动——这取决于它们是从北半球还是南半球的高纬度地区出发。无论是在哪个半球,它们都朝着赤道,往更温暖的地区破浪而去,温和的液态水化身为贪婪的固态水,一路鲸吸海水壮大自己。强烈而酷寒的绝热风预示了它们将铺陈席卷整个大陆,这些风把大量的灰尘吹到曾经肥沃的土地上,甚至冰川和风所及范围之外的土地也受到影响。在这个全新的、犹如白夹黑奥利奥饼干(纯白外层和一个枯萎、干燥、暗黑的植物岩石夹心)般的世界中,地球上没有一个地方能免受局部气候变化的影响,因为没有一个地方能保持与前冰期世界完全相同的气候类型,甚至对大多数地方而言,哪怕只是保持同前冰期世界类似的气候都不可能。

在没有冰层覆盖的赤道地区,我们会看到,大量树种开始死亡,依赖于这些树木及其生态“飞檐”**的复杂食物网也随之崩塌,这些食物网可比任何精心织就挂在枝间的蛛网更为复杂。无论是在雨林还是其他干燥的森林中,树木都很快衰败倒下,地上杂草零落成为不毛之地,

---

*1英里约为1.6千米。——译者

**指西式建筑中与建筑墙壁水平的突起部分,或柱顶的突出部分,能帮助雨水排出而不直接打在墙壁上。——译者

林里的动植物走向灭绝,甚至不可能留下标记它们曾存在的化石记录。

这个死亡演变的过程并不只局限于陆地。随着陆生植物死亡,河流入海的通道被腐烂的植物体淤塞,这片新兴的沃土会带来短暂的生命爆发。但由于氧气被迅速耗尽,这爆发无非是昙花一现。腐烂的植物体会继续沉到无氧的河底,导致大范围的富营养化,过多的有机腐败物将周围水体中的所有氧气耗竭。陆地上的树木死亡则带来更多后果:随着植物根系的消失,土壤随风雨流失,最终沉落海底。在近大陆地区,巨型的海底扇*成形,覆盖了曾经稳定的海底生物群落,淤堵了海底。对于无脊椎动物而言,越是能自由运动,就越容易从灾难性的水底滑坡事件中脱身,但固着生活的动物群就没有机会了。而充分的证据表明,在面对更大的海底滑坡流时,所有动物群均毫无机会逃脱,它们都被从大陆边缘滚滚而来涌入海洋的沉积物层层掩埋。河口淤塞,沙泥快速掩来,将脆弱的河口生物群落全部消灭。同时,从陆地流出的泥沙大量堆积,使三角洲和河流彻底改貌。

随着海洋温度受寒冷大气的影响而降低,没有了庇护地,适应温暖环境的物种直接死亡,而它们的死亡,也注定了更多依赖于稳定食物网和预计资源量的物种的厄运。就这样,陆地上物种的灭绝为海洋招来了另一番悲剧。如此一来,我们甚至无需将我们罪恶的魔杖挥向海面,只消彻底毁去陆地上的森林,或其中的一大部分,恶咒就会应验。

陆地上不断增加的冰归根结底是由海水组成的。所以陆地上形成的冰过多,就导致许多海洋的海平面急剧下降。结果之一是,不断下降的海平面将近岸区域曾生存在海底的生物群落暴露出来。最终,海平面会比现在降低近250英尺**,从而将最丰富的海底生物群落全数杀

---

　*是与大规模的沉积作用相关的水下地质构造,在水下发育的重力流扇体,呈锥状或扇状堆积体。——译者

　**1英尺约为0.3米。——译者

灭——如果它们还能幸存到那时的话——包括珊瑚礁。珊瑚礁被迫向海洋中心迁移以避免露出水面，然而大部分区域内，有不少珊瑚礁已然暴露在海水之外。澳大利亚的整个大堡礁区将干涸成盐沼，划分新几内亚和澳大利亚的托雷斯海峡也会因干涸而消失。

但事情还远未结束。一直以来，地球的气候就始终处于间冰期摇摇欲坠的平衡中。我们哪怕只是让气温降低一小点，也会成为压垮骆驼的最后一根稻草：冰川成势汹汹，到达地球的中纬度地区。无论那里还留下些什么植物群落，都会被冰川岩粉扫荡，随后被压埋在一英里厚的冰层之下。而冰山超级舰队一到大海，其前缘就开始崩解，随着它们的融化，大量砾石被投至远海，大气也被浮尘持续笼罩。

现在可以回到我们开始的地方了。在我们毁灭性的"神操作"之后，亚马孙大部分地区成了草原和稀树草原*。曾经郁郁葱葱的雨林只零星残留了些小规模的森林。由于这些森林下面的土壤已经变得太薄，植物难以生长，放眼望去大片区域都是裸露的岩石。不断变化的天气模式和树木的死亡使许多地区仿若卷入了大萧条时期的黑色风暴**。生命将裸露的岩石变回肥沃土壤需要数万年之久，然而它们却没有这个时间了。

到目前为止，我们的实验是在一个没有人类的世界上进行的。但那并不是我们的世界。把人类文明加进去，再用货币计量将要失去的东西：所有沿海城市现在离海都很远；灰尘太厚，致使喷气式发动机到了平流层就会被堵塞，我们只能被迫换乘螺旋桨飞机；不断变化的天气

---

　　* grassland（草原）和 savanna（稀树草原）共有许多生态特征，但它们是两种生物群系。——译者

　　** 20世纪三四十年代发生在北美的一系列沙尘暴侵袭事件。在美国西部平原，人们大面积翻耕草地，导致表层土壤裸露，被大风扬起后形成巨型沙尘暴，即"黑色风暴"灾害，致使大量土地荒芜。——译者

模式和寒冷破坏了《农夫年历》(*Farmers' Almanac*)*给出的农历规律及大多数农业经营。在美国、加拿大、北欧和东欧,曾经富饶的小麦和玉米种植地大部分都发生了变化,一些地区收成有所增加,但大部分地区收成减少。不仅仅是小麦受到了冲击,水稻也是:中国的许多水稻种植区不是被冰层覆盖,就是离满是强风和灰尘的冰川太近而变得贫瘠。那么,重建所有的沿海城市,在新的地方重新种植大部分农作物,对抗不可避免的饥荒,参加边界战争(因为海平面下降所造成的经济破坏会导致数百万人无家可归,流离失所到完全不同的国家)……上述这些的代价是什么?是数以万亿计的美元。这只是对人类工程损失的核算。而一个物种的灭绝,又如何用货币价值来衡量?

让我们尽量来总结一下我们在货币层面之外所做的"工作",这可通过两个途径完成:灭绝物种的数量,以及在此之前和之后地球的相对生物量。这两个数字目前还很难被最终确定,但我们的科学已经明确地告诉我们,两者都十分巨大。

凝视着我们所造成的死亡局面时,我们可能会想知道惩罚是什么。这个星球曾经满是雨林,现在却变成了沙漠、冰原和草地,曾茂盛到跨越两极的雨林如今仅剩一线。改变地球的这些行为同样给上百万甚至更多的物种(占地球生命总量的绝大部分)带来了毁灭。导致这一切的凶手要如何才能赎罪?什么样的惩罚才能算恰如其分?

我们还能感到庆幸的是,这个特殊的思想实验就只是一个思想实验而已。但事实上,这一系列全球降温事件早就由一些杀人不眨眼的"谋杀犯"引发了。而寒冷只是它们的凶器之一。比起借助冰川造成的寒冷,如果"全球刺客团"想消灭更高比例的地球生命,首选的大规模毁

---

* 北美发行的一本年刊,1818年创刊,为美国和加拿大提供长期天气预报、日历和与农业相关的文章。——译者

灭性武器将是高温,更确切地说,是现在人们耳熟能详的"全球变暖"。只需将地球的温度升高几度,我们就能将地球生命的多样性和生物量降到极低的水平,甚至通过大灭绝让整个行星成为不毛之地。

壁橱里的妖怪会让人吓一跳。杀人狂恐怖片给人的惊悚也只是低劣的刺激,当虚构的凶手恶有恶报时,这刺激也随之落幕,灯光亮起,观众散去,回到日常生活。然而现实却是,**有**一个能给整个星球带来灾难的凶手,它逍遥法外,又如影随形,绝不是好莱坞或斯蒂芬·金(Stephen King)*的虚构。它犯下的杀戮罪行或远或近,并时刻准备着再次大开杀戒。这个凶手狡诈诡秘,大隐于市,比低俗悬疑小说作家们笔下任何善于伪装和看似无害的角色更聪明。而本书的目的就是要揭开它的真面目——生命的最大敌人。

这个凶手就是生命本身。如果不加以制止,它将加速地球上所有生命的最终死亡。只有人类的智慧和工程才能延缓这一命运。

· · ·

生命的致命活动是自然而然发生的。事实上,组成每一个物种的个体都受到自然选择的支配,并且以能最大限度提高生存能力的方式生活。反复屠戮这些物种绝不符合它们的利益。但事实也许有些矛盾,在我们称之为生物圈的地球范围内,与物理环境及其他生命相互作用的物种集合体似乎就承受着这种令人避之唯恐不及的效应——致命效应。

我们人类之所以与众不同,是因为我们是唯一既能掌握知识又有忧患意识的生物。但我们到底是会延缓行星灭绝抑或会加速灭绝的发

---

* 美国著名畅销书作家,以恐怖小说著称,作品曾多次被改编成电影或电视剧。——译者

生,还有待观察。现在,我们正将一个温度适宜的世界(一个有冰盖和海平面相对较低的世界)迅速转变为一个没有冰盖和高海平面的高温世界。虽然我们是唯一一种能延长生物圈寿命的生物,但与此同时,站在对立面的生物却不止我们一种,它们都会缩短地球作为宜居世界的使用期限。过去发生的大灭绝比人类发动的任何战争都要致命得多,大灭绝发生的根本原因甚至不是复杂生命,而是微生物。但更高级的生命形式是这起谋杀的从犯,因为正是更高级的生命让微生物繁殖到了可以开始肆意荼毒空气和海洋的地步。我们必须做的是拔掉怪物的利齿,即直接干预碳、硫、氮和磷的循环,并维持地球温度,这样才能使高纬度地区保有冰盖。不幸的是,许多具有影响力的"环保主义者"还在敦促人类把对世界的控制权交还给"自然",尽可能将事物恢复到人类进化之前的状态。也许他们的本意是好的,但本书的第二个目的则是证明这样的行为无异于自杀。

用周六日场*的调调来说,我们的星球是一架被疯子操控的喷气式飞机,他执意要通过自我毁灭来完成一场壮观的献祭。想要生存下去,只有一个机会:人类干预/工程。我们必须牢牢控制住决定地球生命命运的各种元素循环,并从这一致命但漫长(因为无法描述数亿年的时间跨度)的沉沦中抽身而出。而且,我们必须认识到,生命自己是无法优化这个世界的。我们得接受这一事实——我们生活在一个正在快速消亡的星球上。新兴的天体生物学热衷于探索类地行星,而地球这颗最"类地"的行星,已被生命带到了迟暮之年。

什么样的大自然母亲会做这种事? 她还算是个"母亲"吗? 毫无疑问,我们可没法认为她是个好母亲。

＊曾经给儿童看的系列英雄电影会被安排在周六日场。这里可能指的是儿童电影。——译者

只是大自然母亲是怎么又为何变得如此恶毒？答案似乎是因为引发生命的主要因素的副作用就是天生的毁灭性，这一主要因素就是被我们称为进化的过程，它实质上是一种复杂的力量，先将生命带到世界上，然后使之成型，使之分化，使之散播于整个生物圈。但进化的一个特征是：它的基本单位是物种，而非生物圈。因此，对其他物种恶毒且冷漠的毁灭性就产生了，这恰是生命本身的三大基本特征之一。

生物学和地质学的一大发现是认识到生命在影响自身的宜居性（生存能力）方面的重要性。我们现在知道地球生命对地球的非生物部分——从地貌的形成和生物构建的结构体（如珊瑚礁和森林），到大气的组成和海洋的化学性质——一直有着重大影响，我们认为这种影响会持续下去。除了非生物之外，生命对自身也有深远影响，这一点也很清楚。从携带陆源营养从而引发海洋浮游生物水华的春汛，到通过植物覆盖影响地球反射率导致地球温度改变，生命相辅相成。但硬币的另一面看起来也一样真实：生死亦两相呼应。正如我将试图展示的那样，在外部因素起作用（如太阳不断膨胀，导致海洋和大气氧气消失，令地球温度上升到致命的高位）之前，最终的死亡，或者说地球生物的终结，将由生命自己主导。

我能理解，这种对生命的独有看法——委婉点说，即生命对物种不如对它自己那般温和——是少数派的观点。有大量的文章和书籍的基本观点与上述生命黑暗观不同，它们表明，进化主要是在生物圈层面而不是在物种层面起作用，而这么做已经优化了进化伊始的行星条件，使更多生命得以诞生。这是通过一系列的地质、化学和生物"反馈"系统来实现的，这些系统对那些保持地球适于生命生存从而影响生命的条件（如温度、酸碱度和大气组成）起着检验和平衡的作用。这些系统甚至可能强化了这些生存条件。还有更多科学文献宣称，生命最终会延长生物圈的寿命，甚至超越物理条件所限。地球会因为太阳更强烈而越来越热？生命会通过加强化学风化作用来使地球冷却。大气中用于光合作用的可用碳过少会威胁生命？生命会进化出新的碳捕获方法。生命的某种必需元素（如碳、氧、硫、磷或氮）过多或过少？生命会进化出新的代谢方式来改变（减少或增加）这些元素的效用。因此，改变地球的物理面貌以增加宜居性涵盖了方方面面，从增加可用的营养物质的数量，到控制地球的温度和大气以达到最适宜的程度，或者至少不会偏离出生物的极限。

这些是富有创见的科学结论。但即使它们是真的，又真得了多少呢？

在我们面前的是两个相关联但非常不同的假说。第一，生命是否用某种方式改变了地球的物理面貌，维持甚至提高了地球的宜居性，因而使地球生命在行星尺度上的多样性和/或生物量增加，并超过了仅在物理条件发挥作用时的情况？第二，通过这种或其他行动，生命会延长或缩短生物圈的最终寿命（生命继续存在于地球上的时间）吗？回答后一个问题需要我们去查明地球生命的未来将在多大程度上取决于外部的非生物因素（比如一个正在膨胀的太阳同生命对自身的影响以及使生命得以存在于地球上的各种系统相比），以及生命是否能以某种方式缓和或改善对它产生不利影响的物理条件。

回答这两个问题的收获可不仅仅是对地球生命的本质和命运的了解。我们中有谁想过，在宇宙无数的行星和卫星中，只有我们的星球被生命祝福（或是诅咒？）吗？上述问题的答案能否产生一些深刻见解呢？不仅是针对我们自己的星球，也针对不计其数的其他有生命栖居的星球，这些星球的居民应该也同地球一样，下至微生物，上到智慧生物——或许比我们更具智慧。

如何着手？在此，我们将用科学观测到的过去和建模预测的未来去测试关于生命如何作用于自身（包括它们在地球上的未来）的两个截然不同的假说。第一个被称为**盖亚假说**，是由至少两个独立的假说组成，包括"自我调节的盖亚"和"最优的盖亚"。后续章节将具体阐释这两个假说，但两者可以说都支持一个首要的假说，该假说认为：地球生命无论在过去、现在，当然还有将来，都能使外部环境保持在特定范围内，这一范围由生命的各种耐受性和需求决定，以此维持行星的宜居性。这一假说较为极端的形式（最优的盖亚）则认为，生命不仅一直为自己维持着"宜居性"（虽然是无意的，这只是它与生俱来的特性），实际上还通过改变行星大气和海洋的化学性质、生物圈中的元素循环，以及将营养物质的效用调整到**对生命更有利**的程度等，改善了物质环境。最后，还有一个更为极端的解释，一个没有科学佐证或科学家为之背书的解释，但似乎存在于大众意识中，即地球本身是一个真实的生命体：一个围绕着太阳运行的活的有机体。这是事物坏的一面。但盖亚问题有一个不可否认的衍生物：一个全新的科学分支诞生，它被称为地球系统科学。这个新领域已向世人证明，它的科学发现既有活力，也贡献卓著。它吸引了所有科学领域中一些最优秀的人才，因此，那些最先提出盖亚假说的人，显然功不可没。

在各色盖亚假说中，有些已快有半个世纪的历史了，而另一些也已经存在几十年了。某些盖亚假说的科学作者觉得，这些假说已经通过了充分的科学检验，它们可以被统一起来并提升成为"理论"这一具有更强科学性的水准，而不是仅仅停留在"假说"这种有些模棱两可的层次。然而，许多科学家不同意，正反双方的激烈争论持续了几十年。尽管有许多对此感兴趣的科学家用科学方法检验了盖亚假说的方方面面，并且其中一些人发现了它们存在缺陷（因而加以否定），但这个"反盖亚"代表团从未提供过一个能与之匹敌的假说。而我要在这里提一个。理由很简单：假说需要检验，而科学检验激励进步。此外，在我看来，大量关于古代生命的新发现以及关于未来生命的新模型很容易就能反驳所有盖亚假说。科学绝不能脱离实际。

盖亚之名的含义是"好母亲",希腊人曾将其视为地球之母。我的假设是,对已经进化和正在进化的物种而言,生命及其进程(它们通常被统称为"大自然母亲")过去不是、现在不是、将来也不会是一个好母亲。所以我在此(半打趣地)提出"美狄亚假说",以史上最糟糕的母亲之一命名,作为"大自然母亲"的另一代名词。

美狄亚是古科尔基斯(Colchis,现为位于黑海的格鲁吉亚)国王的女儿,嫁给了著名的"阿尔戈号"(Argo)*的船长伊阿宋(Jason)。在神话中,伊阿宋不仅从科尔基斯国王埃厄忒斯(Aetes)那里偷得了金羊毛,还拐走了他的女儿。(伊阿宋能施咒蛊惑女人。美狄亚并不真的钟情于他——伊阿宋看来也没那么讨人喜欢——在此事上她显然是身不由己。**)在不胜其数的生死血战、阴谋诡计、海上追逐以及为了净化罪恶、安抚亡魂的长途旅行之后,伊阿宋、美狄亚和其他"阿尔戈号"船员带着金羊毛回到了希腊。在那里,美狄亚为伊阿宋生了孩子,但不久后,她发现了伊阿宋在她被迷咒冲昏头脑下的真面目——有了孩子之后,伊阿宋就开始见异思迁。盛怒之下,美狄亚将自己的孩子全数杀死。因此,这个名字被用来作为地球生命的代名词似乎再适合不过:自古贯今,地球生命一次又一次证明了它与生俱来的自私和终将显露的杀性。我的观点是,在这种恶母的"照料"下,生命在地球上的存续时间就会缩短——不知不觉中,生命将改变环境,直到不再有植物,乃至不再有任何生命。

我将利用地质学、生物学和大多数化石记录中的新发现来证明我

---

* 希腊神话中的一条船,由雅典娜(Athena)帮助建成。伊阿宋、海格立斯(Hercules)、俄耳甫斯(Orpheus)和忒修斯(Theseus)等神话中的著名英雄和半神都是"阿尔戈号"的船员。众英雄正是乘着此船取得了金羊毛。——译者

** 神话诸多版本之一。——译者

的观点。于我而言，这些新的理解就像是从沉睡中挖掘出来的记忆，是来自远古的真相。这会证明，我们绝对有必要构建一个关于过去和未来的新范式。而要从我们现在施行的自然保护和环境保护主义这类范式进行转变，必将相当痛苦。现代环境保护主义的哲学支柱是，地球必须回归到人类技术文明进化之前的环境条件，由此，整个星球几乎各个层面的环境都会发生变化。与之相反的是，同我们息息相关的生命（包括人类自己在内）正在把地球变成一个山穷水恶（甚至沦为绝境）的生命居所，要克服这一趋势，必须凭借大规模的行星工程。概括而言，这是对**"生命进化引发了并将在未来持续引发一系列会为害生命的灾害"**的诠释，也注定是本书的主旨所在。

如果这是真的，那就意味着人类及其文明所面临的环境挑战远不止是简单的人口过剩和资源需求紧张了。事实上，我们生活在一个正在快速衰老的星球上。如果要生存下去，我们很快就只剩两个选择：开展行星尺度的工程或者离开地球。我们要做的不是让我们的星球恢复到人类出现之前的样子，而应该是盖亚假说所认为生命一直在做的：为未来生命优化环境。我们必须正视生命的本质，尤其要认真对待我们动物的宿敌——用它们的方式造成污染并为害我们的微生物大军。

我会尽量在后续篇章中说明，造成地球生命这种固有趋势的原因是来自地球生命最根深蒂固的特性之一，如果没有这个特性，生命就不成其为生命。所有地球生命都是一个被称为"进化"的过程的奴隶，确切来说，是达尔文式的进化，因为在并不清楚生物特征是如何具有遗传性的情况下，达尔文（Charles Darwin）就正确地认识到了这个过程。同复制和代谢一样，进化是定义地球生命的三大支柱之一，缺失它们中的任何一个，都会脱离"生命"的范畴。正如我们不能屏息生活一样，生命也无法助力于进化。物种个体进化或物种灭绝一直在发生，因为地球一直在变化，正是由于进化这一特性，各种生命形式的形成才成为可能。生命最早出现在约37亿年前,当时的地球是一个远比现在有活力和危险的生存之地。最早的生命形式只有具备一代代改变的能力,才能存活下来。不仅得是最适者,还得是最优秀和最快速的进化者,方能生存。自然选择不仅致力于更好地获取能量和抵御艰难环境,还要进化出更好的进化方式。尤其是,生命致力于能量获取的完善、快速且精确地复制,以及更快地进化。但付出的代价是,每一个物种生来就要"努力"成为这个星球的主宰,而罔顾其他物种死活。无论是细菌还是蜜蜂,都在竭力繁殖尽可能多的个体,而这么做就会以各种方式污染其他物种的生存环境,包括这些始作俑者自己的生存环境。

面对各种物种无休止的数量膨胀、趋于耗尽的资源——除非人类插手拯救,这是理所当然的——地球还能支撑多久? 在所有大大小小的生物中,只有我们这个物种可以延长地球生物圈的存续时间。地球生物圈和我们所有人一样,寿命有限。不过,这个目前由生命本身决定的寿命是可以被延长的,而且是大大延长。

我用下列方式来解答这些问题。第一章定义生命,然后是达尔文式的生命——它可能是生命的一个子集。第二章讨论"成功"对生命的意义。第三章研究了与生命最基本的要素之一相关的两个不同且不相容的假说:生命是促进一个适宜更多生命居住的宜居星球的形成,还是降低它的宜居性? 第四章是关于行星的"反馈"。第五章是关于能作为证据的一系列远古事件,能让我们在两个假说之间作出选择。第六章把人类看作美狄亚力量。第七章和第八章讨论了过去和未来的生物量。第九章总结了这些科学证据,让我们能在相互矛盾的假说中作出选择。第十章着眼于这一选择的社会影响。最后,第十一章,以更长远的眼光,描述了贯穿于本书问题的解决方案。其所涉及的工程和技术问题,既关于生物圈寿命的延长,也包括了可能要从垂死地球去往宇宙别处的大逃亡。

引入这一新的假说为科学家们提供了用来辩论的第二个皮纳塔*，它与盖亚假说应相提并论。有些人可能会觉得这种新的生命观令人沮丧。我倒认为这令人振奋，如果没错的话，只有我们人类（或宇宙中的其他智慧物种）才能改变规则，并以一己之力拯救其他生命，以及我们自己。

---

　　*原文为piñata，是一种装满玩具与糖果的纸质容器。节庆或生日宴会上挂起来让人用棍棒击打，打破时里面的玩具与糖果就会掉落下来。据说这一习俗最早起源于中国，马可·波罗（Marco Polo）将之传到了欧洲。——译者

◇ 第一章

达尔文式的生命

无数最美丽与最奇异的类型,即是从如此简单的开端演化而来、并依然在演化之中。*

——达尔文,

《物种起源》(*On the Origin of Species*),1859年

2007年夏,我开始了一场全新体验:教大学新生进化论。我班上的19名学生,年龄都不超过18岁,带着喜忧参半的心情开始了他们的大学第一节课。看起来他们中的大多数人都想成为科学家。然而,在一系列小论文中,大多数人也坦言,尽管在高中已经学习了数学、化学、物理学和生物学等学科,为大学学习作了充分准备,但实际上没有一个人哪怕有一丁点了解这一事物——人们用各种方式将之归为进化论,或者,如果更倾向于神创论的话,称之为达尔文主义。

这一疏漏的原因很容易查明。大多数美国高中教师应付日常教学就已经充满压力,接近崩溃了,为什么还要涉足进化论,给这个所有学科中最易引发激烈情绪的一门加戏呢? 许多教师都有过非常不愉快的经历:在讲述了关于人类系统发育的理论之后,很快就会有一个原教旨主

---

*译文出自《物种起源》,苗德岁译,译林出版社,2018年。该版本译自最忠于达尔文"进化论"思想的初版《物种起源》。——译者

义家长怒气冲冲找上门来。所以这一门课很大程度上被刻意忽略了。

不幸的是，当进化论被忽略时，其他相关的科学也被忽视了。其中最重要的也许就是关于生命起源的问题了。同样匪夷所思的是，最复杂和最重要的科学问题之一——地球上最早的生命是如何出现的，在大学的基础生物学课程中也被略过了。即便在更高阶的进化学课程中，对其细节也只是简单提及而已。这似乎很不寻常，因为生命最初是如何出现的，后来又是如何进化出了进化的能力，两者是不同的过程。（我们将看到，进化的能力成了地球生命的固有属性，当然这得在生命的基本模块被合成之后。）早先，各种氨基酸片段组装入某些原始RNA分子，其后经历了很长一段时间才有了目前基于基因的进化模式，基因位于DNA上，而DNA又聚集在染色体上。最初的生命如何诞生是一个能独立发展的研究领域，但由于没有更合适的定位，这个话题通常被放在进化论课上讨论。

因此，第二堂课时，我就请大家写一篇关于生命定义的短文给我。结果五花八门。有些人还只是集中在它的化学定义，但大多数人跳脱到了玄学层面，给生命添油加醋了大量神秘属性，小到微不足道，大到显现神迹。然而，这也表现了一个基本属性，它通常不会被写入教科书，却是此处争论的核心：生命作为一个整体时的行为与作为一个个体时的行为截然不同。那些将生命属性夸大并将之凌驾于个体属性之上的人，认为这些属性本质上是"好的"并有助于其他生命，只有我们人类是个例外——不遵循生命的指引去使世界变得更好，这是人类之罪。生命作为整体时与作为个体时表现不同，学生们有这样的先知先觉，我深以为然。我不同意的是生命对自身的终极影响。

这种割裂可以在个人和全人类间的关系中找到类比。我们每一个人都过着自己的生活，尽我们所能去创造幸福，这是人人希望的生活方式。我们中的许多人也孜孜不倦地努力，以减少因我们的存在而带来的环境"足迹"。但作为整体,我们无疑正在改变着地球的物质形态,改变着我们自己和其他生命的生存条件。"生命"亦如此:作为一个整体,它对自身和地球都施加着重大影响。生命的这一特征也许有助于解释某些作为本章论证核心而提出的行为。

让我们从生命最简单的定义开始论证,其次是对地球生命的定义,因为这是生命的固有特性之一,也是问题的核心。

"生命是什么?"这个问题看似简单,却没有简单的答案。也许最简化的答案如下:"所有生命形式都是由没有生命的分子组成的。"尽管这个定义并不精确,但确实暗示了一个更难勘破的事实。要组织到什么程度生命才算"开场",有生命的物质和无生命的物质有何不同? 大多数深入思考过生命是什么以及它能采用何种化学形式(Ward, 2005)的人,都**相信**地球生命只是可能存在的生命中的一类。但地球上没人能证明在地球外还有生命。确实,地球生命令人讶异的一点并不是它有多么多样(至少在物种水平上,多样性显而易见),而是地球在生命种类上有多么**匮乏**。担心生物多样性的那些人指出地球正在如何失去物种,这无可厚非,但事实是地球上只有一种生命——我们所熟悉的DNA/RNA生命。威尔逊(E. O. Wilson)于1994年出版的巨著《生命的多样性》(*The Diversity of Life*)也许应该基于现实改名为《一》(*One*)。

但是,生命的特征是什么? 其次是地球生命的特征是什么? 它们又为什么是本章论证的核心? 我想提出的观点是,被多数专家认为等同于"活着"的特征之一,正是个体以达尔文熟知的方式进化的能力,这种进化现在以他为名:达尔文式的进化(Darwinian evolution)。对很多人而言,地球生命(或许该说所有生命,鉴于宇宙中的恒星数量如此之多,即便不能完全确定,地外生命存在的可能性也非常之大)的进化,正是地球生命作为成功个例的源头。然而,同集体的行为——或者更恰当地说,与集体的影响——相比,个体的行为有多重要呢? 我的论点是,进化这一固有属性也是生命与生俱来的"自杀冲动"的来源,这是我将要定义的**美狄亚法则**的一个方面,而这个法则,我会将其作为一个假说提出并引用。

也许比"生命是什么?"更好的一个问题是"生命在做什么?"。物理学家戴维斯(Paul Davies)也许是所有思考者中将"生命是什么?"这个问题琢磨得最多的人,他罗列了以下几点:

生命会代谢。所有生物体都要处理化学物质,并借此将能量带入体内。但这些能量有何用途呢? 生物体对能量的处理和释放就是我们所说的代谢,这是维持生物体内秩序所必需的。

生命有复杂性和组织性。世界上没有仅由少数(哪怕是几百万)个原子组成的真正简单的生命。所有生命都是由大量原子以复杂方式排列而构成的。但仅有复杂性是不够的,复杂性中带有组织性才是生命的特有标志。复杂性不是一个机器,而是一种属性,也是生命在"做"的事情。

生命会繁殖。这一点是显而易见的,虽然有人可能会反对说,可以为一套机器编程进行繁殖,但戴维斯指出,生命要做的不仅是自我复制,还要复制能够进一步复制的机制。正如他所提出的,生命还必须包括复制装置的一个副本。同样,有些机器使生命能自我复制,但这个过程并不属于这个机器。

生命会发育。一旦复制成功,生命就会继续变化,这被称为发育。同样,这是一个由生命的机器调节的过程,但也涉及一些非机器的过程。机器既不会生长,也不会随着生长而改变形状,甚至连功能都一成不变。

生命是自主的。这可能是最难定义的一点,但它是"活着"的核心。生物体是自主的,能自我决定。但据戴维斯所说,"自主性"是如何从生物的诸多部位和运作机制中衍生出来的,仍未可知。然而,正是这种自主性使生命再一次区别于机器。

最后,戴维斯提出:**生命会进化**。根据他的观点,这是生命最基本的属性之一,对生命的存在具有不可或缺的意义。戴维斯将这一特征描述为永恒与变化的悖论。基因必须复制,如果不能按严格的规律进行复制,生物体就会死亡。但另一方面,如果复制是完美的,就不会有可变性,通过自然选择进行的进化就不可能发生。进化是适应的关键,没有适应就没有生命。同样,这是一个过程,而不是一个机器。

主张达尔文式进化是生命的基本属性的学者,戴维斯绝不是唯一一个,也不是第一个。在他头头是道地列举这些有关生命的观察结果的十几年前,萨根(Carl Sagan)大师就曾试图解决"生命是什么"这个问题,这事广为人知。大多数人思考这个问题时,只考虑在地球上发现的生命,而萨根不同,他有一个特定的目标:地外生命是他的兴趣所在。在他观察生命期间,20世纪70年代中期,他参与了几项美国国家航空航天局(NASA)的任务,这些任务正是要寻找地外生命。其中最著名的就是飞往火星的"海盗号"(Viking)任务。NASA大体上采纳了萨根对生命的定义,而这一定义也被沿用至今。他将生命视作**一个能进行达尔文式进化的化学系统**,意即环境中存在的个体比可用能量要多,因此有些就得死亡。那些之所以能存活下来的个体,是因为携带了有利的遗传性状,它们再将其传给后代,从而赋予后代更强的生存能力。

进化是生命的一种固有属性,这被称为进化论者的观点。举例来说,生命被定义为一个能经受达尔文式进化的自给的化学系统,也是一个基于有机化学的自我复制、进化的系统,同时还是一个能通过自然选择进化的系统。最后,生命被称作是经受着达尔文式进化的物质系统。

那么,什么是"达尔文式的进化"呢?在进一步讨论之前,我们应该简要描述一下它的基本原则。虽然人们将"进化论"归功于达尔文,但事实上,他提出的是两个独立的、可供检验的假说。首先,他认为地球上所有的生命都来自一个共同的祖先。其次，他提出了变异的原理：生命繁殖是为了产生与亲本略有不同的变异（还有与亲本非常匹配的后代，或通过克隆繁殖形成遗传上相似的形态）。但达尔文也指出，由于缺乏食物、庇护所或其他生活必需品，大多数"亲本"繁殖的后代无法全部存活。由于后代过多，大多数情况下有些后代就会死亡。而那些存活下来的后代就能存活很久——这里的意思实际上是指许多代——因为在某些方面它们具有优于其他同类的特征。这些特征［例如较大的体型，这是进化谱系（evolutionary lineages）中一个非常普遍的趋势］也必须是"可遗传的"，也就是说，这些特征必须能被传给下一代。

达尔文把这种竞争视作"适者生存"，并给这个过程起了个专业名称——"自然选择"。长期来看，具有那些特征（可遗传的特征，是指那些能被传给下一代，而不仅是在个体生存期间才有的特征，比如人类的变性手术就不是）的个体才能幸存下来，它们是最强大的"适者"，或拥有极强的生存能力。这样的例子有很多，例如：在一群生活在植被最低处也离地9英尺的地方的长颈鹿，大部分颈长7英尺，那么颈长10英尺的那几头就脱颖而出了；在捕食者能抓住游得最慢甚至中等游速者的湖里，游得最快的鱼就能幸免于难。然后这些幸存者将成功的特征传给后代，进化就发生了。

物种形成，即一个全新物种的形成，是一个更大规模的过程。如果一个物种不再能够与它的亲本种群杂交，就被认为是产生了隔离。新物种形成最常见的条件是，必须存在地理隔离（geographic isolation）。比如，一部分个体脱离大种群形成小种群，进入与大种群所在地隔绝的新环境，要在其中生存需要面临不同的挑战。历经数代，这些新环境中的挑战会使该种群进化出显著的形态差异，这样即便这两个种群再次融汇、交配，也会因为基因库差异过大而无法繁殖出成功的后代了。

在这个问题上，思想家们已经达成共识，达尔文式的进化无疑是地球生命或RNA/DNA生命的一个关键属性,而且可能是宇宙中所有生命的一个必要属性。

定义地球生命

在地球上显而易见的生命多样性条件下,所有目前已知的地球生命显现出一个统一的特征——几乎都含有DNA。这就是为什么我认为地球上生命真实的多样性数值是1。

DNA由两条主链组成,其发现者沃森(James Watson)和克里克(Francis Crick)将之描述为著名的"双螺旋",它是生命自身的信息存储系统,即运行所有地球生命的硬件的"软件"。这两个螺旋由一系列突起物连接在一起,就像梯子上的横档,这些突起物由独特的DNA"碱基"即腺嘌呤、胞嘧啶、鸟嘌呤和胸腺嘧啶,或者说"碱基对"组成。之所以叫"碱基对",是因为碱基总是连接在一起:胞嘧啶总是与鸟嘌呤配对,胸腺嘧啶总是与腺嘌呤结合。碱基对的顺序提供了生命的语言:正是这些基因编码了一个特定生命形态的所有信息。

如果DNA是信息载体,那么一种叫作RNA的单链变体就像是它的"奴隶",这种分子将信息转化为行动——或者对生命而言,就是转化为蛋白质的实际生产。RNA分子类似于DNA分子,具有螺旋结构和碱基。不同之处在于,RNA通常(但不总是)只有一条单链或者说单螺旋结构,而不是DNA的双螺旋结构。此外,RNA的组成碱基中有一种与DNA的组成碱基不同。

RNA是个引人入胜的物质。它确实是将氨基酸带入核糖体中的蛋白质构建位点的"硬件",但有些RNA显然还具有多种功能,包括信息存储。非蛋白编码RNA在真核生物中起着不容忽视的重要调控作用,这是RNA同时作为软件和硬件发挥作用的一个例子。

　　DNA为破解许多遗传学的奥秘提供了途径，它一劳永逸地回答了一个问题——基因是什么？从达尔文时代直到20世纪，遗传的本质始终是最为棘手的一个问题。沃森和克里克完成了这一伟大的发现，开启了生物学的一场巨大革命。而宣告他们伟大发现的是一篇发表于《自然》(*Nature*)仅有一页纸长的论文。

　　他们的发现实际上是一个模型，而不是一个实验结果，但这个模型具有极强的预测能力。人们认识到，基因是由DNA组成的，一个基因产生一种蛋白质。沃森和克里克提出，DNA"梯子"的一半被作为复制过程中复制另一半的模板。每个基因都是DNA核苷酸的离散序列，而遗传密码中的每个"单词"长度都是三个"字母"。

　　基因如何指定酶的产生？克里克认为碱基序列是一种密码，也就是所谓的遗传密码(Genetic Code)，它在某种程度上为蛋白质的合成提供了信息：一次一个氨基酸。编码信息必须被读取(转录)，然后被翻译成蛋白质。这就是RNA的作用。地球生命使用20种氨基酸，不是19种，也不是21种，**并且总是相同的20种！** DNA编码RNA(转录)，RNA编码蛋白质(翻译)，而蛋白质都是由这20种氨基酸组合而成。这就是分子生物学的中心法则，也可以称为地球生命的核心特征。

进化如何产生

　　基因是生成地球生命的主要结构和化学搭档——蛋白质——所必需的"蓝图"。蛋白质执行细胞的各种功能，某一蛋白质的行为是由其化学成分和形状决定的。蛋白质会折叠成高度复杂的拓扑结构，通常来说，最终的三维结构决定了它们的行为。

　　那么DNA是如何指定某个特定蛋白质的呢？一个典型的蛋白质可能由100—500多个氨基酸(但种类是相同的20种)组成，其对应基因

（基因即DNA链上编码蛋白质的核苷酸序列，因为组成蛋白质的氨基酸序列是在DNA链上被编码的）将由DNA"梯子"上300—1500多套"梯级"构成。它们沿着DNA链呈线性排列，就像句子中的字母一样。而且，就像句子一样，这其中也会有空格和标点符号（比如**句号**！）。RNA"奴隶"抓住氨基酸并将其带入核糖体，在核糖体里构建蛋白质。

这个信息流基本只是单向的——从DNA到RNA（尽管如上所述，有些RNA在蛋白质形成中不起作用，而是作为调控分子）。卑微的RNA在这方面没有任何发言权：到这里来，建造那个……RNA永远受高高在上的DNA的指挥。所有由核糖体在RNA（它们自己被DNA奴役）指示下构建的蛋白质，完成以下两件事之一：建造一个结构，或（更常见的是）作为酶行使功能，催化细胞内对维持生命功能至关重要的化学反应，比如新陈代谢。

拥有DNA显然并不是生命的全部。我们需要有一个壁（膜）把我们的细胞围护起来，还要用基质来填充它。壁或膜结构以及基质也是我们能用来鉴别一般地球生命的特性。生物化学家本纳（Steven Benner）还提出：生命的必要条件是某种支架，它既是我们生命结构的基本模块，也能让生物分子保持正确方向从而使生命的化学过程得以进行。我们的地球生命使用碳作为支架元素，但如果碳的长链上存在硅化合物能结合上去的侧枝，那么硅也能用于构建支架。

生命的结构和构建无需赘言。进化从何而来？生命似乎是由三套独立的"机器"构成，一套从环境中提取能量，一套用于构建和维持特定生命形态的实体，还有一套用于保有（然后复制）信息和蓝图，不仅是上述两套机器的信息和蓝图，还有它自己的。进化是由于信息系统的作用而发生的。事实上，正是信息系统的复杂性带来了进化，有时更是在无意间促进了这种变化。

复制是迄今为止生命必需的过程中最困难的一个，比构建结构或从外部环境中提取能量都要困难得多。即使在最简单的生物体中，DNA和RNA也是极其复杂的分子并且一定是大分子。现在看来，最简单的地球生命需要大约200个独立的基因。与之相比，人类大约有25 000个基因，而其他一些动植物的基因甚至更多。单条DNA链无法容纳那么多的基因，所以生命依附于多链的形式（染色体），它们中的每一条链都必须被复制。

对进化尤为重要的是由突变引起的基因组的变化。这种变化将导致编码的更改，而它能在非复制期间发生在染色体上，也能在复制期间因任何数量的复制错误而产生。大多数这样的变化都是有害的，弊大于利。但当一种变化提高了个体的适应性时，它们就真的能改变基因库的性质。

最后，就真正带来多样性而言，有性繁殖一枝独秀。毋庸置疑，性发生进化之后，进化速率才达到了最大，并出现了如此之多的进化新事物。

因此，正是生命的高度复杂性导致了这些错误——数量虽少，但在时间长河中，已足以对任何物种的基因"牌"不断洗牌了。

生命似乎是在41亿—37亿年前（冥古宙末期或太古宙早期），或是在地球起源后的5亿—7亿年间出现在地球上。也许它更古老，可以追溯到44亿年前，那时地球上可能第一次出现液态水。然而，这是地球历史早期的一段时间，没有化石留存，因此我们也无法了解生命的最初形态。我们在地球上发现的最古老的化石来自约360万年前的岩石，它们看起来和现在还存在于地球上的细菌一模一样。（但对于这些化石究竟是生命的化石，还是石灰岩的无机沉淀，只是看起来像后来的分层生命，仍存在争议。）也许还存在一些地球上已不见踪迹的早期生命类型，但我们目前的知识表明，简单的椭圆形或球形细菌样的形式是最早的化石，也可能是地球上最早生命的形状。我们能确信，在这些生命成为化石记录之前,进化之路已是一帆风顺。

会不会存在非地球生命,以及它们非得是非达尔文式的生命吗?

现在似乎有理由断言,所有已知的地球生命都是达尔文式的生命。那有没有可能存在"非达尔文式"的生命(即不进化的生命)呢? 想象生命具有另一种生物化学组成似乎也不是不可能。让我们从本书的主题上稍微岔开一点,研究个中可能性。这些可能性能细分如下:

1. **使用不同氨基酸的生命**。支持地球上所有生命都是由一个共同祖先进化而来这一观点的最令人信服的观测结果之一,是地球上所有生物都使用了相同的20种氨基酸作为编码蛋白质的成分。这种生物化学上的均质性显然并不是生命起源之前的化学特性所要求的。

2. **拥有不同化学性质的DNA的生命**。基于合成生物学的诸多实验,现在可以对人类遗传物质得出类似的结论。与使用其他氨基酸一样,使用不同"代码"的DNA分子不仅能正常运作,而且也能复制。例如,在佛罗里达大学的实验室中合成的一个人工遗传系统已经持续复制长达20代(Sismour and Benner,2005)。在突变本身是可复制的情况下,它们甚至可以带着突变一起被复制。因此,根据生物化学家本纳所领导的佛罗里达大学研究小组的研究,这些合成的遗传分子是人造的达尔文式化学系统。

3. **拥有不同基质的生命**。化学中的一般经验表明,代谢只有在代谢产物溶解时才能有效地进行。从多个方面来看,水是一种很好的溶剂。但不少化合物不溶于水。实际上,在太阳系的其他地方可能存在某些栖息地,对生存在这些栖息地的生命而言,能在液体水的0—100℃范围之外仍可保持液态的溶剂是不可或缺的。图1.1显示了若干这样

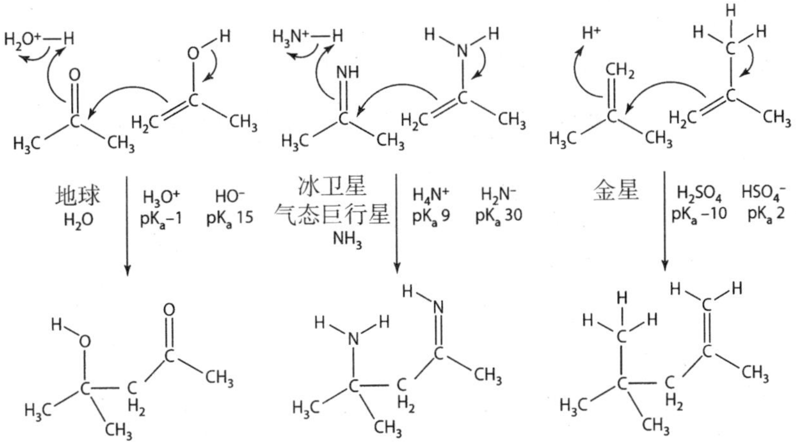

图 1.1　不同的溶剂有助于不同的（尽管类似）化学反应，生活在太阳系不同星球上的生命，都要靠这些化学反应支持它们的代谢。这里展示了三种类似的碳－碳键形成机制：C=O基（亲水）、C=N基（亲氨水）或C=C基（亲强酸溶剂，如硫酸），由它们提供给发生反应的物种所需的反应活性。（来源：Benner *et al.*, 2004）

的溶剂以及它们保持液态的温度范围。

　　虽然上述各种生命形式都不得不被归为"外星生命"，但它们都与地球生命有几分相似：它们都应该有能力进化（或者说，没有任何它们不能进化的化学原因）。但是有没有可能存在非进化生命呢？2003年和2004年，美国国家科学院的一个专家组将上述几种生命形式作为潜在候选者，研究了外星生命可能拥有的化学特性和代谢途径。但当探索了更多被他们委婉地称为"怪异"的生命形式的外星变种后，这个小组得出的结论是：如果有一种潜在生命形式的构造能脱离达尔文式的进化，那么也没有什么会比它更怪异了。专家组认为，上述变种的"怪异"和专家组所谓的"真正怪异"之间有一条分界线，非达尔文式的生命就在"真正怪异"那边。这条线也为"可能"和"不可能"划分了界限。

　　让我们假设存在非达尔文式的生命。不进化的生命势必是短命的，或者可能居住在一成不变的环境中，使得进化的需求被消磨殆尽。

说起来也怪，地球上最早的生命先驱者很可能没有进化的能力。或许会存在那么一些具有细胞壁和原始代谢系统却没有基因组的球体，它们聚集在一起，以某种从环境中提取能量的方式运作，甚至可能表现出一种原始的"复制"，然后死亡。也许即便是原始的基因组也具备复制的能力，并且不止一代可以存活下来。然而，没有进化应答，最终就得迎接死亡。只有当进化介入，生命才成为我们所认识的生命。而借助这一特性，生命改变了它对物质世界的影响，进而也改变了对自身的影响。

那么，大多数可以想象的生命似乎都具有达尔文式进化的特征。上述诸多变种无疑表明，我们可能会在太空中发现地球生命无法生存的地方，但同时也可能真会发现外来生命。不过，如果它是达尔文式的，而我们也已逃离地球以摆脱这一特性，结果可能是无论我们走到哪里，都会遇到同样的难题。我们可以设想的是，任何拥有达尔文式生命的星球都会对我们的繁荣造成危害。

◆ 第二章

什么是进化上的"成功"

进化亲睐于具有高度适合度的基因型，但它通常不会从整体上增加物种的适合度。

——亚历山大（R. Alexander），

《动物的最适条件》（*Optima for Animals*），1996年

一年的大部分时间，太平洋西北部都笼罩在湿气氤氲中。比起世界上其他地方，这里连雨的名称也许都更多一些。沿着这个地区外缘的海岸和岛屿，雨水似乎绵延不绝，雨云不是高悬于中天就是直垂于海面，将生命裹在雾霭迷云中。然而，由于群山高耸偶尔造成的雨影*，也有少数相对干燥的国家缀于其间。苏西亚岛就是这么一个地方，它坐落在乔治亚海峡间寒冷幽绿的海水中，是一个几乎横跨美加边界的小岛。夜晚，北望可以看到温哥华闪烁的灯火，往南则是加拿大海湾群岛和美国圣胡安群岛的零星微光。

同这里的许多地名一样，苏西亚岛也是由早期的西班牙探险家命

---

* 在山地地区，海洋吹来的暖湿气流会被地形阻挡，迎风坡形成地形雨，而背风坡相对湿度较低，少见雨云，形成雨影。山脉背风坡的干燥区域也被称为雨影区。——译者

名的,他们在探寻难以捉摸的西北航道*的过程中,途经并命名了胡安·德富卡海峡及其间的许多岛屿和地标。苏西亚岛位于奥林匹克山脉的正东北方向,由于主要的风暴路径来自西南方向,所以它的降雨量比附近的大陆要少三分之一。比起该地区有着高降雨量(其实这才正常)的陆地区域,苏西亚岛看起来就大不相同,植被也较少。也许正因为如此,岛上的很多地方都是裸露的岩石,包括耸立环绕在其不规整边缘上的岩石悬崖。

整座岛全是沉积岩,但有两种不同的类型。岛上有许多突起和湾壁,大部分是粗糙的棕褐色砂岩。20世纪初西雅图第一次建设热潮时期,彼时的建筑师们热衷于用石料来打造他们秀丽的乔治亚式建筑,于是兴建了许多简陋的采石场,这些采石场形似巨大的咬痕,散布于岛上各处。砂岩带有部分植物的碎片,但它们最显著的特征还是形成了弧形的交错层理的巨大石化沙丘,并呈流线型倾斜,证明了这些岩石最初是在大型沙丘或波浪起伏的浅海底部沉积而成的。

沉积层是堆积的证据,最古老的在最底层,较新的逐渐累积,层层叠加。这些棕褐色的交错层状岩石是岛上最年轻的沉积层,其年代可以追溯到约6000万年前或恐龙灭绝后不久。尽管它们很古老,但它们下面还有更古老的岩石。这些被掩于其下的岩层覆盖了岛的整个西南部,颜色较深,呈深橄榄色到深灰色,比覆盖其上的岩层颗粒更细。它们最突出的特征是化石——保存完好的贝壳可以回溯到恐龙时代晚期,那时的动物生活在海洋中,而不是陆地上。它们周围的岩石是在浅海底部沉积而成,从丰富到惊人的化石来看,这片海底显然曾生机盎然。尽管偶尔也会有螃蟹、鲨鱼牙齿或棘皮动物被保存下来,大多数还

---

* 一条穿越加拿大北极群岛,连接大西洋和太平洋的航道。——译者

是软体动物，主要是双壳类（蛤）和腹足类（螺）*，但苏西亚岛真正珍贵的是两种头足类化石：菊石和鹦鹉螺。两者都有珍珠般的壳内层，被称为珍珠层，在午后日光下会熠熠生辉，从壳壁到壳室都像是被天然抛光过，投射出彩虹般缤纷的色彩。

菊石是极为常见的。从化石数量来看，它们是中生代海洋中数量最庞大的捕食者之一，而且在其发现地总是兼具多样性和丰富度：随便一处就有许多菊石物种聚集在一起，就像任意一处珊瑚礁就有许多珊瑚礁鱼类聚于其上一般，在任何大型地层的表面，都覆盖有大量菊石的化石。

但菊石并不是唯一变成化石的头足类：极少数情况下，在丰富的菊石宝库中，我们还能找到另一大类有壳头足类动物的代表——鹦鹉螺。作为菊石的始祖，鹦鹉螺太古老了，所以在苏西亚岛只发现了一个鹦鹉螺物种。这种情形在其他出产两类化石的地点也颇为常见。确实，在苏西亚岛有许多菊石和少数鹦鹉螺，我们找到了许多不同的菊石物种，但对鹦鹉螺这个古老分支，只找到一种或两种。

数量上的差异并不是这两个类群间唯一的主要差异。如果从苏西亚岛的西北部驾驶一艘小船，像自第一批西班牙和英国探险家时代起就住在岛上的历代走私者一样，偷偷越过加拿大边境（去海关码头会让我们偏离既定路线，毕竟我们只是要直接去往下一个岛而已），就会抵达下一个大岛，名为萨图纳岛。和苏西亚岛一样，它也是由相同的深色水成相地层构成，同样盛产化石。在这里也能寻见美丽的菊石，还有一些稀有的鹦鹉螺。但是，尽管有着一样的地层，这里的菊石物种却与苏西亚岛上发现的大为不同。在苏西亚岛常见的约15种不同的菊石中，在这里能找到的只有一两种。这样的差异只能意味着这两个岛屿的年

---

*此处原文是 clams and snails，考虑到中英文中对应词汇所涵盖的内容有所差异，并为了同后文对应，翻译成双壳类和腹足类。——译者

龄不同,而对这两个岛屿的年代测定足以表明,苏西亚岛上的化石年代比萨图纳岛上的可能要早100万年。

我们跳回小船,向盐泉岛驶去,这是加拿大境内的又一个岛屿,其地层比苏西亚岛的**古老**100万年。这里的化石也很多,同样也有着不同的菊石组合,但我们可以找到一个老朋友:盐泉岛上也有同苏西亚岛和萨图纳岛一样的一个鹦鹉螺物种——同样非常罕见,却似乎扛过了灭绝。事实上,这种鹦鹉螺化石是鹦鹉螺属(*Nautilus*)的一个物种,甚至可能就是现存的珍珠鹦鹉螺(*Nautilus pompilius*)。珍珠鹦鹉螺数量很少,现栖息于太平洋西南部热带珊瑚礁前缘的深海中。并且,这些鹦鹉螺属的古老成员甚至都不是现存最早的化石,在欧洲侏罗纪时期距今1.8亿年的岩石中,就发现了相同的鹦鹉螺物种。

这里有一个有趣的区别。一类是菊石,它们生活在地球上的时候,有着数百个属数千个种,迅速进化,很容易灭绝,但数量极为庞大。另一类是鹦鹉螺属(它绝对是近2亿年来鹦鹉螺科的其他十余个属的典型),只进化出了几个物种,总是数量稀少,却不受灭绝影响。现在来讨论这个难题,也是本章的主题:哪个更成功? 什么才是生物或进化上的成功?

而我们人类又如何? 我们是单一物种,但数量众多。这算是一个成功的物种吗? 也许只能拭目以待,等待我们的大限之日到来,看看我们的最终寿命是多少——如果我们把长寿视作一个成功标志,那就是吧。

难以解释的"进化上的成功"

是什么造就了"成功"的生命? 光是实现生存状态似乎已足以令人敬畏了:地球上没有比生物体更复杂的原子组合了,而引发有机状态的无机过程仍旧挑战着(甚至可能一直挑战着)试管实验室里的科学论证。也许我们可以说活着就是成功。但很明显，这太有局限性了。看看我们周围，生命数量不相等，物种内部个体数量亦不相等。本章开篇所述的化石记录为我们提供了更多例子，以说明何谓胜利者和失败者，数量众多者和数量稀少者，长寿者和短命者。定义生物学上的成功不仅困难，最后还可能弄巧成拙，因为"成功"常常是一个主观术语。当然，由于接下来的论证取决于对主观成功和客观成功的比较，如果没其他情况的话，它们至多也只能基于常识。

在前几段无足轻重的说明后，让我们回到首要问题上：在生物学背景下，什么是成功？可能性数不胜数，但至关重要的就少多了。让我们随意浏览一下这些可能性。方法之一是从人类的角度来看：哪些属性和/或经历能令一个人类个体获得成功？

任何人的成功都可以用若干不同的标准来衡量或描述。但即使是这些也很难被归类。为了更深入地了解"成功"的概念，至少是与我们人类有关的成功，我对一组随机选择的受过良好教育的人群进行了调研问询。下面是他们列出的清单，排列不分先后。毫无疑问，它与任何人类群体都能给出的答案有许多相同之处，而且很明显，列到最后，就会逐渐出现不少重复信息：

金钱（经济保障），一份好工作，工作满意度

良好的健康状况

青春活力

快乐，知足，无忧无虑，压力小

看上去的样子——看起来很棒！

长寿

精神力

生活质量

生育能力

精神支持

没有痛苦

情感/社会环境：朋友的数量

卓越性

幸福的家庭

显然，这群人对个人成功的理解是围绕着健康和资源。但在这张清单中，还有一些成功指标更难被量化，但在某种程度上仍与成功人士的概念有关：知足、快乐和幸福。不过，这些概念是否能适用于理解生命（或任何给定的非人物种）成功的概念？有些是，有些不是。例如，评估一只水蛭的卓越性和精神力，将是一项艰巨的任务。

因此，对这种定性的和价值相关的任务的难度有一定认识之后，让我们咬紧牙关，试着了解一些判断一个特定物种相对成功的可能方法。正如我们将看到的，所有这些方法或多或少都存在缺陷，也许整个做法都是徒劳的，甚至是毫无意义的。下列是相关内容的清单，排列不分先后。当然，一定也有其他的衡量方式可以使用，但这是我在进行这项工作时经过深思熟虑后想到的清单。

1. **个体寿命（预期生命期限）**。如果以某一给定物种一个个体生存的平均时间长度（因年老而死亡，而不是因意外、疾病或被捕食而提前死亡）作为衡量标准，那么能活100多年的非洲鹦鹉和某些巨型陆龟，以及某些存活了400年的蛤类物种，就一定是所有动物中最成功的那部分。但还有其他动物，比如某些海葵物种，它们从功能上说是不死的——如果避开意外死亡的话。然而，这个可能性微乎其微，因为捕食和/或致命的环境扰动或意外无处不在。在植物界，有一些个体会令大部分动物自愧不如，如红杉树，它的树龄达2000年，狐尾松的树龄则高达5000年。

2. **物种寿命**。20世纪下半叶，人们将放射测年法用于含化石的沉积岩,得到了大量关于留下化石记录的生物体的地质寿命的资料。这项工作令人惊讶的一点是,平均物种寿命(从化石记录中一个新物种首次出现到它因灭绝而消失之间的时间)不尽相同,而不是所有物种的寿命拘于某些特定数值。这被解释为一些物种比其他物种进化得更快。生物地层学是利用连续的化石物种将地层记录区分为连续的岩石(由此还有时间)单位的科学,所以,进化得最快的物种对生物地层学而言最有用。这其中包括菊石这种与现存的鹦鹉螺属有亲缘关系的有壳头足类动物,包括带有钙质外壳的单细胞原生动物有孔虫,还包括陆生哺乳动物。而与之截然相反的是寿命很长的物种(至少从地质学而言,个体寿命和物种寿命之间似乎没有相关性),这些物种被称为"活化石",比如许多双壳类软体动物、鲨鱼和鳄。这些物种能生存很长一段时间,因为无论出于什么原因,它们都比大多数其他物种更能"抵御灭绝"。因此,也许低灭绝率也能被作为衡量成功的一项标准。

3. **物种"生育能力"**。从上文讨论的物种寿命平均值的特征中得出的另一个意想不到的见解是,进化速率或寿命与任何给定分类单位随时间产生的新物种的数量相关。就像人类配偶能生儿育女一样,物种也能生成一系列新物种。一个又一个化石记录表明,新物种主要是通过以"间断性"[命名自埃尔德雷奇(Niles Eldredge)和古尔德(Stephen Jay Gould)两人著名的间断平衡模型]为特征的过程形成的。显然,从一个物种变为另一个物种并非轻而易举,但一个物种可以生成大量新物种,并与它们共存。最高产的物种生成者的寿命都比较短,而长寿物种生成的新物种寥寥无几。例如,从过去2亿年的化石记录中可以知道,鹦鹉螺类物种平均存续时间超过2000万年(有些甚至更长),但生成的新物种很少。另一方面,菊石的平均物种寿命不到200万年,却生成了许多新物种。因而,也许成功可以用生成新物种的数量来衡量。

4. **个体丰度**。另一个明显的衡量标准可能是特定物种的数量或生物量。尽管有许多稀有物种(在人类统治地球期间,这样的物种每年只多不少),但也有些物种极为常见,如蒲公英这样的常见野草、家麻雀和果蝇,以及许许多多的微生物等。如果采用这种衡量标准,也许某些种类的病毒或细菌就成了地球上最常见的生物。

5. **占地球生物量的百分比**。这一衡量标准与前一个有些关系。也许不仅是个体数量,单个物种在地球总生物量中所占比率也可以用来衡量成功。这一范畴的胜出者显然是微生物,也许是在海洋或淡水中进行光合作用的常见蓝细菌,也许是生活在深层微生物生物圈(Deep Microbial Biosphere)的微生物——利用岩石中的氢作为能源的细菌和古菌。

6. **为了改进自身而同化其他物种的物种**。人类之所以被认为是成功的,是因为我们操控了这么多其他物种(或是消灭了它们)。白蚁和蚂蚁也会同化其他物种,并因此增加了数量。我们人类(还有白蚁和蚂蚁)也组成了不可忽略的陆地生物量(尽管人类的生物量可能在大鼠和蟑螂或是其他"害虫"面前相形见绌)。在这个范畴中,不能简单地用"脑容量"来评判。例如,大脑非常大的鲸,数量十分少,因此无法通过任何其他的"成功"测试,而蚂蚁几乎没有大脑。

7. **广泛的地理范围**。任何物种都是最先在某个地理位置出现,通常是作为一个现存物种的边缘隔离种群。以那里为起点,一些物种会迁移到更大的地理范围中。有些物种甚至遍布全世界的陆地或海洋。这是地区性寿命和扩散能力的共同作用。也许分布范围的大小可以用来衡量成功。

8. **从大灭绝中幸存**。在地质历史上发生过多次的大灭绝就是生物多样性的过滤器。它们不仅仅是某种背景灭绝率(在非大灭绝期间,总会有一些由于自然过程而发生的灭绝)被放大。有些物种已经熬过了个别大灭绝,却在随大灭绝而来的事件中被击溃。

9. 当地球变得不宜居时迁移到其他行星的能力，或令地球在其自然寿命之外仍保持宜居的能力。正如我们将看到的，作为一个维持生命的地方，地球有其期限。也许终极的成功是一个物种在其栖息地失去宜居性的时候有能力迁移到一个新的栖息地，或是有能力减缓或停止宜居性的丧失。这肯定会延长该物种的短暂寿命。

最成功的物种的模型

利用以上各种因素，我们有可能提出一个极为理想的或"成功的"物种的特征，至少是基于这个列表的。这个理想的个体应该是不死的，且属于一个不受灭绝影响、分布广泛、拥有地球上最高的相对和绝对生物量的物种，并有能力在地球变得"不地球"时让它再度地球化或移民去一个新的星球。人类在所有事项上都失败了，只有一个例外。回到约12.5万年前的人类"青春期"，当我们通过进化从早期智人转变为现代人时，谁能预测到我们这个物种最终的成功呢？或许，这个成功甚至始于约3.5万—3万年前，一个微小但重要的突变导致一小群人类有了更切实的使用工具的智慧，而这群人最终取代了那些不具备这一智慧的人类？我们并不优美，也不是危机四伏的非洲平原上身强力壮的动物，我们既不能迅速爬树，又缺乏敏捷的速度来躲避蜂拥而至的捕食者。面临危险，我们跳不高，飞不起，甚至游不快。在一万年前克洛维斯*的技术发明之前，我们基本上只能沦为猫粮。我们有且仅有的优势是我们的大脑。但它能做的，远不止是让我们活到数千年后所有幸存的地球物种重新集聚之时。我们不仅是重要的成功物种，也是生命在

---

* 克洛维斯文化是美洲的一个史前古印第安人文化，其遗迹年代可追溯至1.15万年前末次冰期。当时的人类拥有猎杀大型哺乳动物的特定工具，包括枪头、石刀等。——译者

自己手中完成自我救赎的唯一希望。

一个成功的生物圈的模型

同理，什么属性能构成一个"成功的"生物圈呢？我们发现，种群和生态系统的性质与个体的性质是不同的。例如，利他主义在生物学中为人所知，但它只能在种群层面而非个体层面被选择。由一些繁殖者和许多非繁殖的职虫组成的社会性昆虫也是如此。

选项在一定程度上同成功物种的选项相似，但也有较大差异。下列是一些潜在属性：

地球上的物种多样性

地球上的生物量

地球上物种组合的稳定性

通过某种方式使地球上生命终结的风险降到最低

有两个鲜明的选项与本书主题相关。我们如今生活在一个非常多样化的世界里。在后续章节中将要讨论的一些模型表明，今天地球上的物种比过去任何时候都要多。就我个人而言，我怀疑这并不是真的。众所周知，在过去的5万年里，由于过度捕杀和气候变化的共同作用，巨型哺乳动物灭绝了，而这或许只是冰山一角——我可不是故意语带双关。按我的猜想，多样性的最大值出现在始新世，当时整个地球被丛林覆盖，几乎全球都是热带。但波茨坦一个研究小组的模型显示，差不多10亿年前的生物量才是最大的，而目前的生物量呈下降趋势。这将意味着生物量和多样性是相分离的。如果是这样，就有一个有趣的暗示。更多物种的产生会不会实际上反而减少了地球上的生物量？也许我们已经用一个有着少数长寿物种的世界去换取了一个有着许多

"更成功"物种的世界,在这个世界里,这些物种繁殖出了许多自己的子代物种,同时又有着非常高的灭绝率。这会是一个非常"美狄亚"的关系,我们将在下一章对此下定义。

◇ 第三章

关于地球生命本质的两个假说

> [盖亚理论支持者]最想做的是把地球的历史诠释成一个史诗般的故事,在这个故事中,生物扮演着英雄主角。
>
> ——基什内尔(James Kirchner)

2007年8月下旬,北半球目睹了一场壮观的月食。在地域跨度那么大、人口又如此稠密的整片地区上空都能看到月食的情况并不多见,但这次确是如此。就在西海岸的月食即将食既时(在北美洲西海岸,月食在凌晨才达到食既),一个名叫泰勒(Paul Taylor)的演员兼退休律师点燃了一尊4层楼高的木制人像。这尊木制人像静静地耸立在内华达州的布莱克罗克沙漠中,原定于在数日后的"火人节"上,人们焚烧它以推动气氛到达高潮。火人节是一个异教、泛神论的"节庆",自20多年前开办以来,已经发展成了一个新世纪(New Age) * 崇拜(以及旧式的嬉皮士狂欢)的节日周。节日的盛大结尾就是这个巨型篝火,在广阔的布莱克罗克沙漠各处都能看到。

---

* 又称新纪元运动、新时代运动,起源于20世纪70—80年代西方的社会与宗教运动及灵性运动。其所谓的"新世纪"与星座年代有关。该运动吸收了东西方的宗教和古老思想,并将现代科学的观念融合进去,涵盖面极广。该运动强调灵性和精神,在其影响下,产生了各种文学、音乐等。——译者

对泰勒而言不幸的是,火人节的组织者并不觉得这事好笑。他们叫来了警察,泰勒被铐走,并被指控犯有纵火罪。烧了注定要被烧毁的东西而被控以重罪,个中讽刺意味显而易见,但我觉得,时机掌握至关重要。

之后,博客上对这一无政府主义者的事件议论纷纷,尤其是在纵火犯解释说他放火是为了抗议火人节的商业化之后。在搬到内华达之前,火人节最初是在一处海滨地区举行的。早期的火人节有点像是西海岸的伍德斯托克音乐节,不过这个标志性的音乐节只关乎音乐,火人节则还想触及理性层面,其年复一年持续的主线是对盖亚的崇拜——盖亚是大地女神的希腊名。因此,当博客上充斥着人们对这次提前放火的各种态度时,人们不止一次恳求盖亚女神宽恕这个过激的纵火者。

在内华达沙漠中的火人节拥趸眼中,盖亚是一个温柔、仁慈的母亲——也许地球本身,确实是如此生动的。但其他人对她有更多负面的或另一种看法。例如,在一个名为"盖亚疯了"(gaiagonewild.com)的网站上,盖亚对人类实施的各种心胸狭隘的报复被做成了短视频专辑,其中包括2007年把希腊烧得一片狼藉的森林大火,以及各种各样的龙卷风、飓风,甚至尘卷风。2006年,一本名为《盖亚的复仇》(*The Revenge of Gaia*)的书用了春秋笔法,给了盖亚一个报复心极强的形象。该书的作者是英国大气科学家詹姆斯·洛夫洛克爵士(Sir James Lovelock)。看起来,盖亚近期对我们人类可是相当恼怒啊。早在1996年,火人节的官方网站就把盖亚形容成"无情的女神"。那些寻求宽恕和赎罪的人被请入一个房间,在那里他们将见证"盖亚的伟大神迹",他们的罪孽将被净化,并能"重归纯洁"(至少网站上是这么说的)。

不管怎样,盖亚女神满身链条,身着黑色皮衣,挥舞鞭子的样子和母亲的形象可不相符,尤其是如果我们还假设地球上所有的物种都是她的"孩子"。然而,如果我们再琢磨一下,这个形象可能比新世纪运动的信徒和许多当代科学家所猜想的更为准确。

如果探究新世纪文学以寻找盖亚作为哲学支柱的起源,一些值得注意的事情就显现出来了。首先,有些很是直言不讳的基督徒加入了辩论,大体上是在指责火人节并尤为针对盖亚崇拜,他们认为这是撒旦作品的产物,而这个节日和女神崇拜明显是魔鬼的化身为了进一步击垮人类而安排的。其次,更值得注意的是,新世纪文学中也贯穿着一条颇有见地的线索,一条将进化过程与盖亚联系在一起的线索,而进化正是盖亚影响生命的主要手段。

地球上有许多宗教,某些形式的盖亚崇拜肯定是古老的。它是作为对自然的歌颂和敬畏而兴起的。它将对自然的观察结果、生命与地球间的关系精神化了,从这个意义上而言,它目前的表现形式似乎与其他宗教有很大不同。产生盖亚假说的灵感,或认为地球是一个整合系统的想法,来自"我们与地球的关系是什么以及应该是什么"的古老思想。但如今,思想的涌动似乎不是从"生命与地球之间的精神联系"到"盖亚假说/地球系统科学",而是从"盖亚假说"到"新世纪的盖亚崇拜"。科学家们最近的思想和发现正被同化成盖亚崇拜的一种新世纪形式。但科学假说怎会如此迅速地被一个新瓶装旧酒的宗教所同化呢?也许科学和新盖亚崇拜的核心中都有一个共同的、根深蒂固的、直观的关注点,那就是更好地理解生命的真实本质及其与我们所知的唯一家园——地球之间的关系。当然,我们要在这里集中讨论的是,关于生命与地球的关系,科学能告诉我们些什么,而不是重燃这个不解之谜的神秘魅力。要描述科学对地球生命本质之谜已得出的答案,我们先要回到我们所谓的地球生命的基本"特征"。然后我们就能继续讨论盖亚假说和美狄亚假说,以及我们应如何检验这两个观念的正确性。

进化和生物的行为

将进化纳为生命（至少是地球上的生命）的一个必要元素，势必会导致生命的某些行为。最重要的是，这些行为包括物种内的竞争（有时是同类相食），以及一直繁殖直至由资源决定的"环境承载力"极限。无论是广口瓶里的甲虫，还是地球上的人类，任何物种似乎都在不断繁殖，不仅会繁殖到把所有预定资源用完，甚至还会超出这个承载的临界点，因此，生物个体数量总是比资源能供养的要多。而"负载力"是生态学中定义这一极限的正式概念。

因此，竞争是达尔文式生命的一个固有属性。但竞争是在个体层面进行的。达尔文式生命所谓的"宏观进化"层面是一个更大的尺度，它是由竞争或个体的其他未命名的层面产生的，那么是否存在这样的尺度呢？

自20世纪70年代至今，古生物学领域在科学和思维上一直受到宏观进化研究的驱动：宏观进化存在吗？如果存在，它的作用又是什么？在古尔德、劳普（Dave M. Raup）、斯坦利（Steve M. Stanley）、塞普科斯基（Jack Sepkoski）和雅布隆斯基（David Jablonski）等支持者的带领下，对宏观进化的存在及其过程的深刻领会在这个时代已屡见不鲜了。我们知道新物种是如何形成的，哪些物种在正常时期（相对于不常发生但具毁灭性的大灭绝时期而言）更容易灭绝，以及最重要的是，比起其他物种，某些物种是否能生成更多"子种"，而物种寿命与新物种形成速率的关系（如果存在的话）又是如何。

在20世纪70年代，在这些微观进化和宏观进化的情况之外，人们还假设了另一种截然不同的生命特性：这种特性不是显露自个体，也不是来自物种，而是来自地质年代中任意特定时刻的地球生命的集合。

有人提出,生命会改善地球,这是为了它自己以及未来的生命。这被称为"盖亚假说",后来被修改成两类不同的"盖亚",它们可以被当作独立且不同的假说来对待。因此,两者都必须以科学的方式进行检验。

盖亚假说

从古希腊罗马时代起,人们就倾向于把我们的星球(或根据某些人的说法是任何宜居行星)类比为某种生物。但该想法的规范化还是出自天才的英国科学家洛夫洛克(前文提到了他众多著作中以盖亚为名的一本)。从20世纪70年代至今,他从科学的视角及以一种对民众而言更易被接受的形式,极有说服力地提出了他的观点。他作品中的一段引文反映了他对盖亚假说——或者说盖亚理论——的视野的一种想法。洛夫洛克及其同样天才的合作者马古利斯(Lynn Margulis)现在是这么说的:"具体来说,盖亚理论认为,温度、氧化作用、物质状态、酸度,以及岩石和水体的某些方面会保持恒定,而这一稳态是靠生物群机械且无意识地引发有效的反馈过程来维持的。"因为存在着各种不同的盖亚假说的变体,现在开始,我将把所有相关部分都表述为盖亚论,这也是为了将之同盖亚理论(正如马古利斯曾描述过的那样,盖亚理论是个专有名词)进行区分。

这一想法十分简洁,于是盖亚论很快吸引了不少追随者,他们中既有科学家也有非科学家。一些研究人员将盖亚论视为思考生命有机组成和元素循环的新方法。有些人沿着洛夫洛克的线索,寻求支持下列观点的科学依据:地球生命的生物量自我调节着地球条件,从而使其物理环境(尤其是温度和大气化学组成)对物种生命存续更友好。在盖亚假说出现初期,就有一个更加有力的论断被提出:所有的生命形式都是一个叫作盖亚的单个行星生物的一部分,或被模式化成如此["地球生理学的盖亚"（geophysiological Gaia）］。洛夫洛克现在并不赞同后一种观点了，但从下列他说的话来看，他也确实认为地球是"活着"的："从鲸到病毒、从橡树到藻类等地球上生命物质的所有种类，可以被视为构成了一个活着的实体，它有能力维持地球的大气层以适应于其整体的需要，而它被赋予的能力与力量远胜于它的各个构件。"

另一段一脉相承的引文来自洛夫洛克第一本关于盖亚的书（1979年出版）："探寻盖亚就是试图找到地球上最大的生物。"

据我所知，尽管当前没有科学家赞同这一观点，但这个早期的诠释仍然激发了一些更热情的支持者。"行星是活着的"这一诠释是盖亚的"最强"形式（大气科学家基什内尔是盖亚论的批评者，他首次在对盖亚论的讨论中使用了"弱"到"强"的层次，如今在讨论相关概念的各种组成部分时这种用法已很普遍了）。

随着时间推移，洛夫洛克逐渐修正了他对盖亚假说的最初定义，摒弃了它较为极端的形式。然而，尽管洛夫洛克可能已经改变了他关于盖亚的说法，但新闻报道仍总在强调盖亚论的极端含义——毕竟这些更吸引人眼球，于是许多通过新闻报道听闻盖亚的人就没有注意到科学家们的警告。20世纪60—70年代的婴儿潮时期出生了许多人，其中不少人对他们认为是保守且束手束脚的传统宗教的东西避之唯恐不及，而一个由仁慈女神统治的活的星球所具备的力量和单纯填补了婴儿潮这代人的空虚。这就是那些传统宗教的天然继任者，一个可以与科学和新兴的环境伦理和谐共存的事物。信仰盖亚不需要奇迹，因为她的可塑性和多重定义给了她非常强的包容性。

那么科学家们的情况呢？洛夫洛克并不是唯一一个潜心于盖亚论的科学家，核心假说的定义也随着时间推移而演变。现在看来，盖亚假说有三个（或更多，这取决于对话的另一方是谁）独特且合理的分类，它们互不相同。（我把"行星是活着的"这一假说排除在进一步讨论之外。

这种说法是要断然拒之的。)

来自盖亚相关文献的进一步预测是,生物不仅会组合在一起**维持**生存条件,而且最终将**延长**地球的寿命。下一章我们会再回到盖亚论的这一层面。现在,让我们先来看看盖亚相关文献的科学内涵。

首先有两个有时会被统称为"疗愈盖亚"(Healing Gaia)的假说。在本书接下来的部分,它们将被视为独立的假说。按照出现顺序排列,它们是"最优的盖亚"(Optimizing Gaia)和"自我调节的盖亚"(Self-regulating Gaia)。

假说1. 最优的盖亚

这个早期的诠释仍然是盖亚论的"最强"版本之一。它指的是存在着对环境条件的实际控制,包括生物圈的纯物理方面,如温度、海洋的pH,甚至大气气体组成。以下是洛夫洛克和两位合著者在20世纪70—80年代发表的概括了"最优的盖亚"的四段引文,按年代顺序从早到晚排列,第一个是:

> 有些生物物种能保留或改变环境条件,这些条件可以优化其适合度(即后代传给下一代的比例),这样的物种会留下更多。而这些条件也正是如此被保留下来或出于物种的利益而被改变。(Lovelock and Margulis, 1974, p. 99)

接着,数年之后:

> 盖亚假说……假定生物圈为了自身而将地球表面的气候和化学成分保持在一个最佳的稳态。(Lovelock and Watson, 1982, p. 795)

四年之后,他又写下了:

生命和环境作为一个单一系统共同进化，因此，不仅留下最多后裔的物种更容易承袭环境，而且有利于最多后裔的环境本身也是可持续的。(Lovelock，1986, p. 13)

最后：

生物和它们的星球组成一个系统，简称盖亚，它必须能够调节自身的气候和化学条件……地球上的大部分环境对生命来说始终是完美舒适的……根据盖亚论，我把地球及其承载的生命看作一个系统，一个有能力调节地球表面的温度和成分并使其对生物体而言保持舒适的系统。(Lovelock，1988, pp. 7–8, 30)

另一种诠释这一假说的说法是，生物量能改变地球的条件，以增加地球的"宜居性"。这在科学上被称为"完全稳态"（我发现这个词很难被定义）。另一个版本则来自伦顿(Tim Lenton)的有创见性的工作，他提出，生命已成功提高了整个生物圈应对外部扰动或冲击的复原能力。

在一个名为地球系统科学（盖亚论的直属分支，现在是一个资金充足且严谨的科学领域了）的新领域中工作的科学家们曾跟随洛夫洛克的脚步，寻找支持下列观点的科学依据：地球生命的生物量自我调节着地球条件，从而使其物理环境（尤其是温度和大气化学组成）对物种生命存续更适宜。（不过，许多近期的关于地球系统科学的文章已不再认同最优的盖亚了。）然而，关于地球是最适合生命生存的论点明显有那么点循环论证，因为地球上的生命已经用了很长时间适应了地球上的环境。正如基什内尔在2002年所指出的：

我们今天所观察到的生命形式起源于进化谱系中一个精挑细选的子集，换言之，就是那些适应于地球条件的物种。那些不适应地球环境的其他谱系，要么已经灭绝，要么在避难所*（如缺氧沉积物）中被发现，这些避难所保护了它们不受其他地方普遍存在的环境的影响。如霍兰（Holland）（1984）所说："我们所生活的地球，是所有可能的世界里最好的，但这只对那些完全适应了它当前状态的物种而言才是如此。"（Kirchner, 2002, p.399）

20世纪90年代，洛夫洛克也放弃了最优的盖亚。显然，就连他也觉得这太极端、太不科学了。

假说2. 自我调节的（或稳态的）盖亚；负反馈的盖亚

较近加入盖亚论的一个观点被称作"自我调节的盖亚"，它假设反馈系统会通过将生命的限制因子（如温度，以及近期被关注的大气氧含量和二氧化碳含量，后者会直接影响地球的温度）保持在生命适宜的范围内，来确保地球生命的延续。该观点能被重新表述为一个问题：生物反馈是稳定还是扰乱了全球环境？盖亚相关文献认为，大多数或所有的反馈都是**负**反馈，故而若地球温度上升到危险的水平，生物的行为会有助于降低温度。这么说来，反馈就应该是负反馈，而正反馈存在的可能性则是检验该版本的盖亚论的一种方法。

这个假说能自我诠释成两种形式。第一个是，生命倾向于使环境稳定，让生命繁荣；第二个是，生命倾向于使环境稳定，是**为了**让生命繁荣。这是一个微妙但重要的措辞变化，后者的表意暗含了目的性。

假说3. 共进化的盖亚

1989年，人们第一次举办了盖亚论专题学术会议，会上基什内尔介

---

* 又称残遗种保护区，通常是可以提供环境多样性和气候稳定性的小场所，通过保留了原先自然中的相应条件，可以在区域性的生物及非生物环境发生变化时确保生物群能持久存在。——译者

绍了这一假说。该假说主张,生物群和环境是以一种耦合的方式进化的。这一阐述可谓是最"弱"的盖亚假说,并已被认为是真实的。

假说4. 进步的、确定性的盖亚

这个假说本质上是所谓共进化的盖亚的更强版本。在施瓦茨曼(David Schwartzman)的重要著作《生命、温度和地球》(*Life, Temperature, and the Earth*)一书中,对此进行了诠释,而近来,他更是这样描述道:

> 地球生物圈的进化是半确定性的,即在同样的初始条件下,生物群和气候间紧密耦合的进化通用模式是很有可能的,并能从宏观尺度上相对较少的可能历史事件中进行自我选择……生命进化的主要事件很可能是由环境中的物理过程和化学过程促成的,这些过程包括光合作用和互补代谢的融合,后者带来了诸如真核细胞等新细胞类型和多细胞的产生。(Schwartzman and Lineweaver, 2005, p.207)

换言之,一旦生命进化了,那么能让生命及其系统进一步进化的,也就只有少数几种可能的途径了。说来并没什么特别,只是有几种营养循环和元素循环,它们能影响之后出现的生命。

其他盖亚式的观点

垃圾箱盖亚

盖亚还有许多种其他的解释——成书足以汗牛充栋。而我最欣赏的其中一本来自沃尔克(Tyler Volk),他提出了"废弃物世界盖亚"(于是我用了个更花俏的称呼作为本部分小标题)。尽管沃尔克并没有提出一个如上文那样成形的假说,但他认为,最初引导洛夫洛克得出整个盖亚概念的线索的正是大气层(因为它处于化学不平衡状态),而大气层就是一个巨大的废弃物垃圾场。在这个并不那么吸引人的观点中,生命产生了巨量的废弃物,这些废弃物逐渐累积并影响着环境,当然还影响着生活在环境中的生物。在生命开始往大气中大量倾注氧气时——当时氧气对地球上的大多数生命都是有毒的——情况确实如此。沃尔克的"废弃物世界"中,废弃物已堆积到使某些种类的生命无法耐受的程度。但随之而来的是一些新型生命,它们能以一种前所未有的方式利用废弃物。沃尔克甚至就将盖亚描述为生命本身的共同副产品。他还想知道,这些副产品的积累是否真的能导致伦顿提到的生物圈复原力的增加。

进化中的盖亚

伦顿提出的另一个观点是,生命之所以能存续38亿多年,绝非完全出于偶然,而是因为地球系统的调节机制。此外,他相信有生命存在的地球系统对大多数(不是全部)扰动具有更强的抵御能力和复原能力。他还预测,有生命存在的地球比起没有生命存在的地球,能维持更长时间的宜居性。我将在后续章节中再次仔细分析这一特定观点,因为我对伦顿的几乎所有结论都持强烈的反对意见。不管是过去还是未来,地球总是会因生命存在而以种种方式发生变化,这变化也发生在许多地球"系统"上,诸如碳循环和水循环,不一而足。但伦顿最为"盖亚"的观点当属这个:随着生物群进化,它调节系统的能力也在进化,并且这些调节属性不仅仅是随之变多,也在变强。因此,生命和环境的交汇创造了各种各样的系统,随着时间推移,这些系统的进化就是为了使生命在面对环境冲击和扰动(如更多的阳光、更少的构造活动,以及偶发但严重的小行星撞击)时更具复原能力。一个推论是,地球表面环境变化较小时,有生命存在比没有任何生命存在的情况下从扰动中恢复得更快。

假说 5. 美狄亚假说

盖亚假说显然既强势又具影响力。但它们是可验证的吗？如今有一长串的论文质疑各种盖亚假说，其中最重要的是诺贝尔奖得主克鲁岑(Paul Crutzen)和加州大学伯克利分校的大气科学家基什内尔的极有见地的评论文章。在接下来的诸多论证中，我大量借鉴了这两位杰出科学家的著作。而最关键的是，克鲁岑和基什内尔都指出了同一个问题——无论是最优的盖亚假说还是自我调节的(稳态的)盖亚假说，都无法用科学方法直接检验。共进化的盖亚则根本算不上是假说。

任何科学假说必须是既可被检验又可用于预测的。尽管我们对各种元素循环(如碳、氧和硫的循环)如何供养地球上的生命的整体理解，在发展和辩论上述假说的过程中已经得到了提高，但无论是检验最优的盖亚还是自我调节的盖亚假说都很难被证明，这在很大程度上是因为这些假说自身的定义就相当模糊。因此，许多对这些假说持批评态度的人想弄清它们究竟是不是科学。

我的目标是提出一个新的假说，以解释地球生命的各种事件和特征。所以，我现在提出我称之为美狄亚的假说，它的正式表述如下：地球的宜居性已受到了生命存在的影响，而生命的整体效应已经降低并将继续降低地球作为宜居行星的寿命。生命天生就是达尔文式的，有着毁灭生命的特性和自杀倾向，并对地球系统(如全球气温、大气中二氧化碳和甲烷的含量等)造成了一系列正反馈，而这些正反馈又会对后代产生伤害。因此，无论是在地球，还是在任何达尔文式生命居住的行星上，正是生命使星球的温度、大气气体组成或元素循环发生扰动和变化，并到达对生命产生危害的值域，从而导致自身的终结。

论美狄亚生命的本质

这类生命有些什么样的特征？有些是不言而喻的：所有的地球生命，不管怎样，寿命都有一个限度。所有生命都有一系列的环境耐受度（这是地球环境条件的一个子集）。虽然还有其他如这般显而易见的方面，但也有些生命特性如寸辖制轮，在调控生物圈中的生命上发挥着重要作用，这些生命特征又是什么呢？它们是不是"美狄亚的"？

1. 所有物种的数量增加，不仅达到了由某些或许多限制因素确定的负载力的程度，甚至超过了负载力的水平。由此造成的死亡率比囿于有限资源而导致的死亡率还要高。

这样的例子信手拈来。把任何一种虫子的繁殖对和有限的食物放进广口瓶，盖上盖子。虫子会迅速繁殖，食物则消失得越来越快，直到被消耗殆尽，随后虫子就会饿死，而在它们完全消亡之前，通常最后还会有同类相食的阶段。现在重新开始实验，但这次，在瓶中随时间推移持续放入一定量的食物。虫子的数量迅速增加，然后稳定在由食物量决定的某个数值。这是一个经典的生态学实验，在各种生态学教科书中屡见不鲜。但个中关键是，虫子的数量对这点食物而言，还是过多了。事实上，不管有多少食物，总有比这更多的虫子；而有一些虫子总会被饿死或在争夺食物时被其他虫子消灭。种群内物种数不会达到一个和平共存的稳定数值，总是有太多虫子而导致激烈的种内竞争。这就是达尔文阐明的达尔文式进化的核心。在他的关于变异的原理中也提到：幼体数量总是多于资源供给量，紧接着的就是"适者生存"。

达尔文式生命的这一"特性"普遍存在于分类谱上。人类也不例外。许多关于人口数可自我调节以匹配资源的人类学神话接二连三地破灭，而戴蒙德(Jared Diamond)的新书《崩溃》(*Collapse*)提供了无数例子。

2. 生命在封闭系统中会自体中毒。物种新陈代谢的副产品通常是有毒的，除非被稀释分散开。动物产生二氧化碳和液态、固态废物，在封闭空间里，这类物质会逐渐累积，要么直接产生毒害作用，要么就使数量原本处于低水平的其他种类生物(如生活在动物肠道中和排泄物中携带着的微生物)大量爆发，而这些生物的代谢也会产生毒素。

3. 在包含不止一个物种的生态系统中，会有争夺资源的竞争，最终导致一些原始物种灭绝或迁移。

4. 生命在地球系统中有着种种反馈。然而，大部分都是正反馈。

这些特性能否揭示生物圈而非单个物种的本质？以盖亚论看来，生物群体的这些相当自私的毁灭生命和自杀倾向在生物圈的尺度上或多或少会有变化。当甲虫过度繁殖并自我毁灭时，甲虫和其他一切生物共存的整个世界就会以某种方式改善生命的条件，因此生物量和多样性会随时间而增加。个体和种群都被认为是有害的，但它们合起来就能做"好事"。但我想说，个体是中性的，但生命作为一个整体，对其本身有着负面作用。

让我们另作一套预测，这套预测我们可以称之为"美狄亚的"。

1. 多样性和生物量可以是彼此独立互不相关的。

2. 生物量(不是多样性！)的发展史可以显示出一系列的来龙去脉——从生命的最初形成，到通过更完善的代谢作用来利用更多能量的各类生命。而一段时间后，每一群利用新式"能量体系"(实际上是一种新式的代谢，一种在日常生活中获取能量的方式)的生物会显现出缓慢的衰减，直到生物量水平低于最初生物分化后的水平。换言之，我们会看到的是一次又一次的大灭绝，将采用旧有代谢方式的生物消灭，而使用新式代谢方式的生物登台,如此往复。

3. 在除了低环境干扰地区之外的所有区域,生态系统最终都会向物种多样性较低的方向发展,因为具有竞争力的生物类型会将其他物种推向灭绝,而某些物种将占据主导地位。

生命的这些特征是不言而喻的。基什内尔(Kirchner, 2002, p. 403)在对盖亚假说进行综述时,明确指出了生命极具破坏性的固有本质:

> 所有的生物都必须消耗资源,而这样做就会耗尽周围环境中的这些资源。类似的,所有的生物都必须排出废物,而这样做又会污染它们所处的环境。能使生物更合理地消耗资源或排出废物的特质对个体而言是有利的,从而受到自然选择的青睐——尽管它们也会使环境退化。这样的例子比比皆是。树木高度进化是为了拦截阳光,而相邻的植物则被遮盖。干旱地区的植物高度进化,以便能从竞争者手中拦截水分。有些树种(如桉树和黑胡桃树)甚至能对潜在的竞争者开展化学战:它们会通过落叶或落果,使周围土壤对其他物种产生毒性。

检验假说

这里有三个一般规律似乎可以证伪各种盖亚假说。

1. 盖亚论预测,生物反馈应该能长时间地调节地球气候。但回溯二叠纪的记录,古温度的峰值与古二氧化碳的峰值相符。这是因为二氧化碳是一种强有力的"温室气体",它能阻止热量的散失。当大气中的二氧化碳含量上升时,有很多证据(大部分来自历史数据)表明,无论是现在还是过去,气温都在上升。因此,如果二氧化碳作为全球恒温器的一部分受到生物调控,那这个恒温器在过去至少3亿年间就是装反的。

2. 盖亚论预测,生物为了自身的利益而改变环境,但在海洋表层的大部分区域(占全球一半以上),浮游生物将营养耗尽,差不多创造了一个生物荒漠—— 一个几乎没有生命的地方。这似乎与直觉相反——我们曾认为海洋是一个生机勃勃的地方,但大多数海洋表层的情况并非如此,尤其是那些远离海岸的区域。

3. 当生物为自己改善环境时,它们会创造正反馈,而不是预期的负反馈(疗愈盖亚);因此盖亚论的两个核心原则——生物稳定它们的环境,以及生物以有利于自己的方式改变它们所处的环境——是相互矛盾的。

对这两个假设的具体检验将是后两章的主题。而在此之前,需要简要描述一下影响生命的实际系统——生命的丰度和寿命。它们是前文提到的地球系统科学的一部分。

地球系统科学和检验盖亚的方法

确实存在高度复杂的"生命维持系统",它们会营造行星的环境,如大气成分和压力、行星温度,甚至行星表面特征,这些都与没有生命的行星截然不同。这些生命维持系统的工作原理及其随时间的变化是可测量的,其效果是可检验的。而最重要的检验是由地球本身在一系列地球历史的地质幕* 中作出的。这许许多多的地质幕(从大量事件中作为最重要的被筛选出来的)就是检验。这些地质幕中的每一个都标志

----
* 一个区域或一种地貌的地质历史中一个突出事件或一系列事件。——译者

着一段较短的时间,在这段时间内地球生命数量急剧下降,每一次的原因都是各种各样的(或大量的)生命自己造成的行星中毒,并且,每一次也都可以证明,复原是一个漫长的过程。

为了支持(大概还有检验)盖亚理论,洛夫洛克和马古利斯向科学家们提出了挑战,要他们寻找维持地球上生命存活的现有因素——滋养生命的碳、硫、磷、铁、氧和水循环(不一而足)——并在地球历史中寻找支持他们观点的线索。许多科学家确实响应了这一号召。如今,地球系统科学是科学的一个完整分支,它直接或间接地收集着有关救赎生命所必需的化学循环的更多信息。这一令人兴奋而又有价值的领域的形成,是各种盖亚假说形成的直接结果,因此,这些假说的创始人厥功至伟。

说"盖亚论具有影响力"有些轻描淡写了。很少有假说甚至理论走出科学的范畴,进到人类的其他哲学领域。但是盖亚论做到了,它已经成为了新世纪运动的秉轴持钧者,并给出了一个无法推脱的道德责任:在对待这个活着的星球时,我们不可以把自己当作狩猎者或采集者,而是要自视为农学家和保护主义者。盖亚论由此成了现代环境保护主义的基础,它的立场是:人类活动导致了盖亚运作方式中的有害变化;必须恢复最初的不受污染的循环。有许多人不遗余力地想让我们相信,我们的星球也应被列入濒危物种名单;只要人类以某种方式消失,万物就会恢复其自然秩序。

因此,盖亚背后的科学既关乎当前进程,也关乎历史——不仅仅是发生了什么,还有这个星球及其生命维持系统是如何随时间进化而来的。它也为了解其他行星创造了条件。当地球不再被视为一个独特的实体,而是确定存在的许多宜居行星之一时,一种全新的理解就会出现。"宜居行星"的概念是建立在行星培育的基础上的,生命是行星形成和变化的最终结果,也是期望的结果。

那么地球系统具体是什么？系统又到底是什么？系统可以被定义为一组相互作用的组件。因此，它们是相互关联的部分，作为一个复杂的整体行使功能。在脊椎动物（以及许多无脊椎动物）中，相互作用的系统包括循环系统、呼吸系统、内分泌系统、神经和感觉系统、淋巴系统、排泄系统、消化系统和生殖系统等。

生物生长需要物质和能量。它们需要必需物质建造细胞壁和细胞器、核酸和多聚体，它们组建的整个物质上层建筑即是生命。生物是开放系统：它们的一生是为了生存和生长，其间都需要物质补给。如果没有不断地吸收新物质，人类——以及几乎所有其他生物——就无法存活很长时间。在这一点上，生命和地球截然不同。地球在物质方面是一个封闭系统，本质上我们不接纳来自外太空的新物质，而是持续循环利用已经存在的物质，但在能量方面地球是一个开放的系统。而所有生物在这两方面都是"开放"系统。由于地球上构建生物所需的物质不会得到补充，生命的基本模块就必须被循环利用。这是由一系列的元素和化合物的循环系统完成的。

于生命而言，这些流动中最重要的是碳、氮、硫、磷和各种微量元素的运动和转化。这些元素中的每一种对地球生命的生存都至关重要。它们和其他元素一起在大气层、水圈和固体地球*中进出。由于物质的运动和转化需要能量，地球系统科学还研究各种系统的能量支柱，这主要有两大来源：太阳以及地表下放射性物质衰变产生的热量。

这些系统中的每一个都已经随着时间发生了改变，这个情况还将持续下去。地球上生命的存在，以及生命所具有的随时间进化和复杂性递增的能力，已然导致每一个非生物的地球系统作出了调整，然后引发了影响生命的反馈。随着地球年龄的增长，随着生命彻底将自身转

---

* 指地球表面和内部固体的部分，与大气圈、水圈和生物圈等流动的圈层相对。——译者

变为日益增加的多样性和复杂性的综合体,这些连接地球有机成分和无机成分的联接器也已经随时间推移发生了协同进化。对地球的研究已经得出了关于这些相互作用在过去是如何发生的准确信息,这使得我们能去预测这些系统在未来将如何变化。

盖亚论提出,许多地球系统是以令生命本身更"成功"的方式在变化——不是任何单个物种,而是整个生物群(涵盖了生活在地球内部、表面和上空的所有生物总和的生物群)。为了检验这一点,我们首先需要更详细地了解这些系统本身——它们是如何工作的,以及它们是如何随时间变化的。以下是由地球系统科学确认的系统。

太阳的光和热

生命需要能量。无论是植物直接从太阳获取能量,还是动物摄取植物的某些部分然后获得第二(或第三、第四)手的太阳能,太阳是地球上几乎所有生命能量的最终来源。

庞大,明亮,美丽,太阳是我们在寒冷黑暗的宇宙中温暖和光明的源泉。太阳不仅用光能为光合作用提供动力,还用引力将我们固定在轨道上,用热量使我们免于冰冻。它鼓风、助浪、成云,为这个被海洋覆盖的星球提供了几乎取之不尽的淡水供应——所有这些都来自这个白热的气体球。它的体量如此之大!它表面每平方米每秒都能辐射出6000万焦的能量。纵使我们之间相距1.5亿千米,夏季正午照到地球上每秒每平方米范围的阳光所携带的能量仍超过1000焦。它的能量无穷无尽:即使是最小的城镇也能从我们辉煌的恒星那里收到每秒超过10亿焦的免费能量。

不幸的是,同许多其他美好的事物一样,太阳也有阴暗的一面。我们围绕的这颗恒星就像一枚定时炸弹,每一声滴答都推着我们向一个剧变的未来更进一步。在滋养了生命数十亿年之后，太阳将会演化*，并导致许多堪称"地球末日"的事件，它将是驱使地球步向最终命运的**那个**主要因素。但正如我们将看到的，这一命运很大程度上也是由生物的作用决定的。极具讽刺意味的是，太阳作为在地球历史上起着如此积极作用的星体，恰恰也是造成地球最终灭亡的罪魁祸首之一。

太阳是一个强大的核反应堆，但它有多稳定？我们没有太阳能量输出的直接长期记录，我们唯一的直观了解来自对类似恒星的观察。质量和年龄与太阳相似的恒星，其亮度本质上与太阳几乎相同。这表明这些类太阳恒星的亮度变化范围不大。然而理论预计，长期变化必然会发生。我们确信，太阳会缓缓地越变越亮。恒星是名副其实的产能发动机，它们难以置信地工作了数十亿年，但在其生命即将终结时，它们开始耗尽燃料，并经历非比寻常且复杂的变化。但与大多数其他发动机不同，它们不会随着年龄增长而黯淡衰退，而是变得甚至越来越强大和活跃。

太阳变得愈发明亮，是因为位于它中心的原子数量在减少。想象一个气球包围着太阳的核心。内部的压力必须精确地支撑太阳外覆质量的重量。众所周知太阳的大小在很长一段时间内不会改变，所以太阳中心的压力必须保持适度的恒定。压力是由海量粒子的累积效应产生的。当每个原子从假想的气球表面弹回来时，它会向外施加一个微小的力。总压力则是气球中所有粒子的净效应。根据所谓的"气体定律"，气球内部压力只取决于两件事：气球内粒子的数量和气体的温度。我们会看到，粒子的数量在不断减少，所以如要保持压强的恒定，温度必须持续上升。

随着太阳的演化，气球里的粒子数量会减少。随着粒子数量逐渐

---

*这里的"演化"指的是恒星演化，而非生物意义上的演化。——译者

减少,太阳核心温度上升。随着温度升高,氢以更高的速度运动,碰撞也变得更剧烈,氦的产生和产能总量也会增加。这一缓慢累加的能量生成进行了整整100亿年,太阳所有的能量都是通过氢聚变为氦而生成的。

太阳的亮度增长是缓慢的,同时也是持续而不可避免的。所有类太阳恒星都是如此。在过去的45亿年里,太阳的亮度增加了30%。亮度的提高增加了阳光照射行星的强度。为了对太阳亮度增加30%有个客观感受,我们不妨试想,如果将地球移动到金星的轨道上,阳光强度将增加50%。这会导致海水蒸发,散逸到太空,造成地球地狱般的环境,就同现在金星上的环境类似。而太阳亮度正在加速增长,40亿年后,它的亮度将是40亿年前的两倍。最终,内核的"燃烧"过程将向外移动,就像一个氢气外壳包裹着一个近乎纯氦的内核。此时,太阳将进入所谓的红巨星阶段,在该阶段,它的表面将开始变冷,但直径却会扩大而使其整体亮度增加数千倍。太阳在接近100亿岁时将会变成一颗红巨星,那时发生的事件,要远比它在中年时期缓缓变亮的过程更引人瞩目。太阳在中年时期只是变亮了两倍,尽管如此,也对内行星*造成了重大的压力和变化。在一颗"简单"的类地行星上(如果有这么颗行星的话),太阳加热增加到2倍将使其表面温度升高约100℃。而地球根本不是一颗简单的行星,除了太阳亮度外,还有许多复杂的化学和物理过程影响着它的表面温度。

已知的太阳亮度上升产生了一个地球历史之谜,称为"太阳黯淡佯谬"**。过去的太阳较为黯淡,而地球理应更冷,冷到海洋冻结的程

---

* 指太阳系行星中,比地球更接近太阳的行星,包括水星和金星。——译者

** 该问题全称是"早期太阳黯淡佯谬"(faint young Sun paradox),由天文学家萨根和马伦(George Mullen)在1972年提出,描述了地球历史早期液态水的观测与天体物理学的预期(即当时太阳的输出强度仅为现在的70%)之间的明显矛盾。——译者

度。但除了7亿年前和23亿年前短暂的"雪球地球"事件外，没有任何地质记录证据表明海洋曾长时间冻结。尽管太阳亮度发生了显著的演变，但使地球表面保持一个适宜且恒定的温度似乎还涉及许多因素。在地球的历史中，气温上升伴随着一系列不同的变化，包括陆地面积、大气成分和火山活动等的变化。其中一些变化，如二氧化碳这种温室气体丰度的减少，已抵消了太阳亮度的增加。随着太阳变得越来越亮，二氧化碳和温室效应都会减少。虽然地球在过去一直保持着宜居性，但这不可能永无限期。例如这个看起来有悖常理的情况——二氧化碳的丰度接近零，并无法进一步降低以抵消太阳加热的增加。

在整个地球历史中，它一直处于太阳系的"温带"。这是距离太阳"恰当"的距离范围，在这里，类地行星的表面温度适中，海洋和动物都能存在，不会被冻结或烤焦。这就是所谓的"宜居带"，众所周知它的内限在地球轨道以内，而外限则延展到火星附近或可能更远，我们对此知之甚少。随着太阳愈来愈亮，宜居带会向外移动，未来这一区域会越过地球并将其移出范围之外。那时地球将变成金星！宜居带的内缘离地球只有约1500万千米远，5亿或10亿年内（或更短）它将切实到达地球。那时之后，太阳将太过明亮导致动物无法在地球上生存。

经过一个世纪的详细研究，我们对恒星的最终演化已相当了解。恒星寿命的最后阶段是短暂的——但这只是一个表示相对的术语。对太阳来说，它的"正常状态"（当它与我们今天所观察到的状态类似时）持续超过100多亿年，而晚期状态——"红巨星"阶段——持续不到10亿年。

行星恒温器

持续增加的太阳能量抵达地球，在很久之前地球生命就理应终结了——就像金星一样（假设金星上曾有生命的话）——但我们有最重要的行星生命支持系统之一，可称之为行星恒温器。30多亿年（也许是40亿年）以来，这个系统一直将全球平均气温保持在沸点和冰点之间，从而令生命最重要的需求——液态水——历经漫长岁月始终存在于地球表面。

行星恒温器由三个重要的子系统构成：板块构造运动、碳循环和碳酸盐-硅酸盐循环。地球一直维持着相当恒定的温度，这是洛夫洛克用以证明盖亚假说是正确的一系列主要证据之一。

想象一下，在你的血管里循环的不是血液，而是石头。奇思妙想。但这是地质学先驱之一赫顿（James Hutton）的类比。18世纪晚期，赫顿使用了一个基于人类循环系统的科学类比。根据科学历史学家考证，赫顿将他在地球表面观察到的岩石循环比作血液循环。现在，我们知道了一个意义更深远的循环系统——板块构造运动，这个过程的功能之一就是产生了被我们称为大陆漂移的陆块运动。在所有综合系统过程中，板块构造运动或大陆漂移对维持地球现状而言是最重要的。虽然板块构造运动乍一看似乎只是固体地球系统的一种属性，但如今有许多证据表明，大气和水圈系统对保持板块构造运动以当前状态运行是不可或缺的。

地表温度只有保持在一定水平，才能使地球上存在液态水，而板块构造系统对此至关重要。我们可把板块构造类比为使哺乳动物和鸟类维持恒定且冷热适中的体温的生理系统。不过，这只是板块构造对世界的已知贡献之一。我们可以把缓慢移动的陆地和驱动它们的巨大熔融对流圈比作一个巨型循环系统。但这个系统不仅是把物质从一处带到另一处，它也在改变物质。地球物质的向上和向下运动掩埋了一些物质，同时释放了另一些物质。它还通过加热、形成新矿物和释放气体引起化学变化。所有这些方面都在维持地球恒温上发挥作用，个中机制稍后将作详解。

碳循环——从有机到无机再回到有机的转换

如果说板块构造为地球提供了最大的动脉系统,我们可以把参与循环的若干元素比作血液。虽然这些循环元素或化合物中,有许多都是生命所必需的,如磷酸盐和硝酸盐,但参与循环的最重要的元素或许还是碳。碳循环(图3.1)是调节长期温度和大气成分的主要过程,随着太阳正用越来越多的能量"轰炸"地球,碳循环在控制未来气候方面尤为重要。

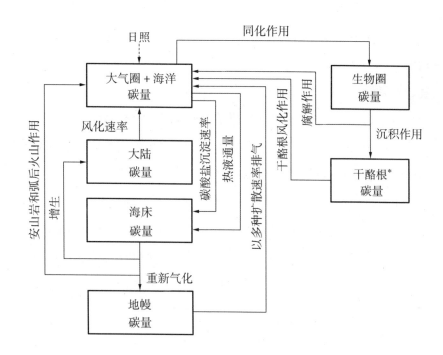

图3.1 碳循环。箭头表示碳原子的流动方向。(来源:Franck *et al.*, 2006)

---

*由有机物经过复杂的化石化作用所形成的混合有机物质,存在于沉积岩中。——译者

　　碳是地球生命的关键原子,它在无机化合物和有机化合物间的快速交换对生命至关重要。碳不仅是生命存在所必需的物质(生物必须终生获取,以使新细胞生长和修复),而且无独有偶,当碳以大气中二氧化碳的形式出现时,它对地球温度的重要性无可比拟。二氧化碳是一种"温室气体",它能吸收辐射热(也被称为红外辐射),并将其中一部分送回地球表面,而不是让热量逃逸到太空,借此使行星表面变暖。甲烷(CH_4),甚至水蒸气也是极为有效的温室气体。

　　碳从无机世界进入有机世界再返回的运动在很多地方都已有描述,但我最喜欢的一段文字来自孔普(Lee Kump)、卡斯汀(James Kasting)和克兰(Robert Crane)写于1999年的教科书《地球系统》(*The Earth System*)。他们从一个漂浮在大气中的二氧化碳分子起笔。十多年间,这个二氧化碳分子随着大气活动和湍流在地球上空或地面飘荡,在这段时间内,它在南北两个半球都曾逗留过。其间,它也许会遇到一株植物,然后通过叶片上的某个小孔钻入植物体内。一旦进入内部,它就同其他分子碰撞,分子中的两个氧原子会被剥离,并通过化学键被氢、氮和其他碳原子取代。就这样,它被纳入了构成该植物物质骨架的原子"星系"中。通过这种转化,我们可以认为这一个碳原子已从无机的转化成了有机的。

　　整个夏天,这个碳原子都待在有机结构内,但随着秋天到来,它所在的树叶从树上掉落,很快就被埋在了厚厚的树叶和腐烂的植物中。树叶在秋天的雨水中分解,与也曾是绿叶一部分的无数有机分子一起,与土壤合为一体。细菌会消耗有机分子,而我们的这个碳原子通过某个细菌引发的化学反应又被转化回二氧化碳。又或者,它可能被某个动物吃掉,然后再次转化为二氧化碳分子,重归于大气。

　　这段经历(有各种小小的变化)可能会重复多达500次(一个典型的碳原子发生这种循环的估计平均次数),然后才会出现不同的命运。

在这个命运版本中,含有我们这个碳原子的土壤被侵蚀,并随流水转运,最终被带入海洋。在海洋中,它可能会再次被某个生物体吞噬,但这回,让我们假设它逃脱了这个命运,换作被沉积作用掩埋。随着越来越多的沉积物落到这片海底,这个碳原子仍被禁锢在一个较大的有机化合物中,并被深深埋藏在了一个几乎没有氧气的世界里,这个世界就此被营造成了一个不再受摄取沉积物的动物(如多毛纲蠕虫和穴居棘皮动物等)扰动的环境。当然再深也还有细菌,它的另一种命运很可能是被细菌转化回二氧化碳,然后也许溶解在海水中,但最终还是会以气体的形式再次被释放到大气中。不过,它还有第三种命运——被掩埋在沉积岩中。而它所在的海洋沉积物现在是海床之下的沉积岩通道的一部分。可能历经数百万年、数千万年、数亿年,沉积岩最终被推挤,形成高山,然后山体被就地侵蚀,被侵蚀的沉积岩释放出它含有的碳,碳与大气中的氧结合(再一次)形成了无机的二氧化碳。

上面概述的碳原子的各种命运表明,存在大量的"储藏库"或储液器,碳在等着变为下一个"化身"之前,就储存在那里。其中一些,如大气甲烷中所含的碳量,是很小的;而其他的,如沉积岩中锁藏的量,则要大很多个数量级。然而,就长期温度而言,对生物圈的健康状态最为重要的还是蕴藏在大气中相对较小的碳量。由于二氧化碳气体体积的微小差异对全球温度的影响可谓是牵一发而动全身,即使是大气中碳的流入量和流出量的微小扰动也会使全球平均温度产生较大的波动。

相对长期稳定的大气二氧化碳水平一直是地球长期具有宜居性的关键。流入量(呼吸和分解的过程会导致碳从有机碳源中被释放出来并变成无机碳进入大气)和流出量(光合作用使大气中的二氧化碳被地球吸收并转化为有机碳)之间虽然有季节性的不平衡,但以一年为期来看,却处于一个稳定状态。而温度的短期变化也会发生,这就导致了我们最熟悉的地球的状态——气候。

长期气候——以及数十亿年来全球恒温器维持设定在 0 到 40°C 间——在很大程度上受所谓的碳酸盐-硅酸盐地球化学循环的控制,这个循环是碳循环不可分割的一部分,它包括碳在地壳和地幔之间的来回运动(转移),是由前文描述的板块构造系统来完成的。这个牵涉到生物体的循环,平衡了发生在地球深处的无机反应同大气和地表间的相互作用。正是这种平衡使大气二氧化碳水平在地质年代上的很长一段时间内基本保持不变,从而令地球的表面温度保持相对恒定。

两个完全不同的过程是关键。第一个是碳酸盐沉淀作用。如果钙与碳酸在正确的温度和压力条件下结合,就可以形成碳酸钙,这种岩石类型也被称为石灰岩。石灰岩是所有沉积岩中最常见的一种,被许多种生物广泛用来协助构建贝壳和骨骼。地表的石灰岩形成速率对长期气候有重要影响。

第二个关键反应则是关于一类被称为硅酸盐的岩石的风化。风化是岩石和矿物的化学分解或物理分解。当硅酸盐岩石风化时,其副产品能与其他化合物结合,产生钙、硅、水和碳酸。

碳酸盐沉淀作用的化学反应式可以表达为:

$$Ca^{2+}+2HCO_3^- \rightarrow CaCO_3 \downarrow +H_2CO_3$$

即,将 Ca^{2+}(钙离子)同两份 HCO_3^-(碳酸氢根离子)混合,则化学反应产生 $CaCO_3$(石灰岩)和 H_2CO_3(碳酸)。

硅酸盐的风化作用的化学反应式可表达为:

$$CaSiO_3 +2H_2CO_3 \rightarrow Ca^{2+} +2HCO_3^- +SiO_2 + H_2O$$

即,将 $CaSiO_3$(硅酸盐岩,比如花岗岩)同两份 H_2CO_3(碳酸)混合,则化学反应产生 Ca^{2+}(钙离子)、两份 HCO_3^-(碳酸氢根离子)、SiO_2(二氧化硅)和 H_2O(水)。

这两个化学反应可以组合成下列反应:

$$CaSiO_3+ CO_2 \rightarrow CaCO_3+SiO_2$$

这样做的最终结果是，每1摩尔（一个化学术语，表示一定数量的分子）反应会净消耗1摩尔二氧化碳，这些二氧化碳以石灰岩的形式被埋于海床。硅酸盐岩石的风化作用则最终将二氧化碳从大气中除去。这对生命极为重要。正是这些反应式的速率受到的轻微扰动，才会给植物乃至地球上所有生命带来灭顶之灾。如果盖亚假说是正确的，那么生物在这个循环中的作用应该是保持温度的稳定和生命的最优化。可是，正如我们将在下一章看到的，情况并非如此。生命曾多次以重要的、近乎灾难性的方式干扰着行星恒温器。

减少大气二氧化碳从而导致全球变冷的最重要的因素是硅酸盐（如长石和云母，花岗岩中含有许多此类矿物）等矿物的风化作用。一个给定行星上板块构造运动的存在与否对这个"全球恒温器"的速度和效率有着极大的影响。重申一下这个过程，基本的化学反应是：

$$CaSiO_3 + CO_2 \rightarrow CaCO_3 + SiO_2$$

通过结合这个反应式中的前两种化学物质，石灰岩就产生了，而二氧化碳从系统中被除去了。沃克（James Walker）、海斯（Paul Hays）和卡斯汀在1981年发表的一篇具有里程碑意义的论文中首次指出，在这里起作用的反馈机制与风化速率有关。尽管风化作用同岩石尺寸的减小（大石块会随时间推移风化成砂粒和黏土）有关，但也涉及一个非常重要的化学层面。风化作用会使被风化岩石的实际矿物成分发生变化。含硅酸盐矿物的岩石（如花岗岩）的风化在调节行星恒温器中起着至关重要的作用。沃克和他的同事指出，随着行星变暖，其表面的化学风化速率会增加。而随着风化速率的增加，更多的硅酸盐物质就能与大气反应，使更多的二氧化碳被除去，从而导致降温。随着地球变冷，风化速率下降，大气中的二氧化碳含量开始上升，又使气候回暖。在这种方式下，由于碳酸盐-硅酸盐的风化作用和沉积作用的循环，地球的温度在较暖和较冷之间振荡。如若没有板块构造运动，这个系统就无法有效地运作。在没有陆地表面的行星上,它的效率较低;而在没有维管植物(如现在地球上常见的高等植物)的行星上,它的效率更是低得多。

钙是这个过程中的一个重要成分,它在行星表面有两大主要来源:火成岩,以及最为重要的沉积岩中的石灰岩。钙与二氧化碳反应生成石灰岩,并借此将二氧化碳从大气中抽取出来。当大气中的二氧化碳开始增加时,将会有更多的石灰岩形成。然而,除非有钙的可用稳定来源,这种情况才能发生。而钙含量之所以能被源源不断地补充,一是通过板块构造运动,因为新的山脉的形成将新的钙源带回了岩浆中的系统内,二是由于古代石灰岩被发掘和侵蚀,从而释放出钙,与更多二氧化碳发生反应。在聚合板块的边缘,地球表面的巨大岩板俯冲回地球,一部分位于沉落部分的沉积物被带回地球内部。高温高压使这些岩石中的一些转变成变质岩。其中一种反应是碳酸盐变质反应,在该反应中,石灰岩与二氧化硅结合转变成硅酸钙——以及二氧化碳。火山爆发时,二氧化碳就能被释放回大气中。

火山活动向大气中排放二氧化碳,石灰岩的形成过程则从大气中取走二氧化碳,行星恒温器需要在两者涉及的二氧化碳量之间取得平衡。整个系统是由地球内部散发的热量驱动的,这导致了板块构造运动。但正如我们所见,这个循环不光涉及从内部来的热量。地球表面的风化作用也同样重要,且风化作用的速率对温度高度敏感,因为与风化作用相关的反应速率会随温度的升高而增大。这将导致硅酸盐岩石更快分解,从而产生更多钙这种石灰岩的基本模块。有更多钙可用,就能形成更多石灰岩。但是石灰岩的形成速度会影响大气中二氧化碳的含量,当更多的石灰岩形成时,大气中的二氧化碳就会越来越少,导致气候变冷。

以下是整个地球系统的一个关键层面,有助于反驳盖亚假说或美狄亚假说。如果美狄亚假说是正确的,我们就应该能够观察或测量到随时间发生的宜居性潜力的降低,如用环境承载力或能在任何给定时间内生活在地球上的生命总量来测量,抑或用地球为未来生命提供宜居地的能力被显著削弱的程度来测量。对于我们的地球来说,宜居性最终会因为两个原因而终结。第一个不是美狄亚式的,而是一种单向效应。太阳的能量输出不断增加——这是所有位于主星序(main sequence)*上的恒星都有的现象——最终将导致地球海洋的消失(据最新计算,这将发生在未来20亿—30亿年间的某个时候)。当海水开始蒸发,散逸于太空中时,地球的温度将上升到不适宜居住的水平。但远在这之前,地球表面的生命就会通过美狄亚式的机制而灭绝:由于生命的存在,地球将失去一种资源,没了这种资源,生命本身的主要营养级——光合生物(从微生物到高等植物)——将不能生存。具有讽刺意味的是,当前的人类社会对这种日益减少的资源的态度反而是担忧过度,这一资源就是大气二氧化碳。发生在二氧化碳上的美狄亚式的减少将导致行星宜居性进一步降低,因为二氧化碳的减少将引发大气氧气含量下降至不足以支持动物生命的水平。这是一个"美狄亚式"特性的例子:正是由于生命的存在,地球大气中的二氧化碳含量在过去2亿年间一直在下降。也正是生命,使大部分碳酸钙发生沉积,如珊瑚骨骼,故而正是生命最终导致了二氧化碳的减少,因为它将二氧化碳从大气中取走以构建这类骨骼。不达致死的下限,生命绝不会罢手。这是一个重要的发现:在第八章中,我将展示一个图表来支持这个观点。正如施瓦茨曼所指出的那样,尽管石灰岩可以由生命形成,也可以在没有生命的条件下形成,但生命在生成碳酸钙结构方面要比非生命高效得多,这是一个从大气中攫取二氧化碳的过程。

---

　　*天文学中,人们用恒星的亮度、表面温度和光谱作图,图上的大部分恒星都集中在一条对角线条带上。这就是主星序。主星序显示的几乎是恒星的一生。——译者

人类生存

要逃离达尔文式的生命强加于我们的死局,只有一条出路:能够策划行星工程的智慧的崛起。关于技术的或者关于工具制造的智慧,才是解决生命的美狄亚式特性造成的行星困境的唯一方法。新的天体生物学研究表明,金星、火星、木卫二和土卫六目前可能是适宜居住的星球,至少对微生物来说是如此,就像早期地球一样。它们先前是否遭遇过美狄亚式的力量而使得宜居性下降? 毋庸置疑,基于我们对仍在形成的太阳系的最新建模,以及巴特勒(R. Paul Butler)和马西(Geoffery Marcy)*行星探测任务的观测结果,宇宙中满是类地行星。不过,"行星发现者"还不能直接观测到任何同地球一般大小的行星,因为以我们现在的技术,这种尺寸的行星依然太小了。但某些木星和土星大小的行星能被观测到,而它们所显示的轨道表明,较小的类地行星可能就在那里。在外星生命中,会出现和地球生命中一样的美狄亚式的力量吗? 如果这样的生命是达尔文式的,答案将是"毫无疑问"。

---

*天文学家巴特勒和马西曾以发现最多太阳系外行星而闻名。——译者

◇ 第四章

美狄亚反馈和全球的过程

地球上的元素分布最初是由物理过程和化学过程控制的，但自约35亿年前生命出现伊始，生物过程也对化学物质的传播产生了影响。

——雅各布森（M. Jacobson）等，

《地球系统科学》（*Earth System Science*），2000年

地球系统科学的基本发现之一是我们认识到了大量"反馈"系统，在这些系统中，一个特定的环境变化通过各种系统进行循环，最终产生了进一步的变化。洛夫洛克在盖亚假说发展的早期就指出了这些。在五花八门的盖亚假说预测中，就有一个预测认为，生物反馈（生命通过它对整个系统及其效应发挥着重要作用）中占绝对优势的应该是"负"反馈。举个例子，对行星温度的负生物反馈意味着，持续升温最终将触发反馈系统，引发随后的降温；又或是，大气氧气一旦开始减少，就会通过反馈系统最终导致随后的氧气增加。这样一来，环境状况就会相当稳定。在前一章中，我定义了美狄亚假说并提出了与盖亚假说相对立的观点——在影响生命生存能力的生物反馈系统中，正反馈是压倒性的存在，甚至在发生负反馈（在某些少数情况下，比如对二氧化碳的生物响应等，稍后会详加描述）时，这些负反馈也几乎是无关紧要且被正反馈压制的。

强化环境的反馈还有另一个表现。正如基什内尔所指出的那样（Kirchner,2002），如果这种反馈发生，它在本质上就是不稳定的。他在盖亚假说形成的较早阶段就已经进行了阐述：

> 能令环境更适于自己的生物就会增长，从而对环境产生更大的影响，然后进一步壮大。这是正反馈，而非负反馈。当一个数量增长的种群使其环境变得不适于自身，从而限制了其增长时，就出现了负反馈。强化环境的反馈是不稳定的，削弱环境的反馈则是稳定的。从控制理论的立场看，强化环境的负反馈这个盖亚概念的矛盾之处显而易见。（Kirchner, 2002, p. 404）

在本章中，我将讨论一些被我归为"美狄亚的"正反馈的例子，并介绍一些由生命本身造成的过程，而这些过程对其他生命毫无裨益。

反馈系统

气候和气候变化现在是——当然一直都是——地球上生命分布和丰富程度（可能是）的主要决定因素。温度和可利用水的变化在很大程度上都取决于气候，这两者无疑是各种生物活动范围的主要决定因素：北极没有棕榈树，沙漠中没有喜水植物，例子不胜枚举。因而我们应该预见到，如果生物在某种程度上能通过为自己优化（如在最优的盖亚中）甚至调节环境条件（自我调节的盖亚）来提高宜居性，那它们得通过气候变化或改变大气气体存量的某些方面来达到这一目的，而个中机制将是负反馈系统。那么，与之相反的美狄亚的预测是什么样的呢？显然，其中的反馈要么是正反馈（使环境恶化）要么至多是中性的（没有变化）。基什内尔的著作和思想对本书的结论有着重大影响，在2003

年发表的一篇关于气候的评论文章中，他曾明确提出了一个认知——确实存在一些生命没能为自己改善环境反使其变得更糟的情况："[盖亚假说的支持者]经常将不稳定的反馈表述成调控机制崩溃期间出现的一个异常（如，Lovelock and Kump, 1994），而不是众多的生物介导过程的一个内在特征。"

这些"不稳定"反馈或者说正反馈到底有多普遍？让我们来看一些能说明后者符合已知历史和当前观察的例子吧。没有什么比二氧化碳的增加对世界气候的影响更能说明这一点了。

温度（从二氧化碳来看）

目前大气中二氧化碳（以及甲烷）的增加，无论现在还是将来，都会是人类面临的巨大挑战之一。这个情况对稳态的盖亚来说也是一个挑战，但系统是多种多样的，绝不简单。例如，这些仅涉及二氧化碳的反馈系统包括了基什内尔在一篇综述中列出的如下内容：

1. 大气二氧化碳浓度增加刺激光合作用增强，导致生物量的碳固存（负反馈）。

2. 温度升高增加土壤呼吸速率，释放土壤中储存的有机碳（正反馈）。

3. 温度升高增加火灾频率，使得树龄较长的大型树木被年幼的小树净替换，从而导致森林生物量中的碳净释放（正反馈）。

4. 气候变暖可能带来干旱，继而导致植被稀疏和沙漠化增加，在中纬度地区，这些会增加行星反照率*和大气粉尘浓

---

* 反照率指物体反射太阳辐射（反射辐射）与该物体表面接收太阳总辐射（入射总辐射）的比值，用于表示射入地球的太阳辐射被大气、云和地面反射回宇宙空间的百分数。——译者

度(负反馈)。

5. 较高的大气二氧化碳浓度会增加植物的耐旱性,可能使灌丛带向沙漠扩张,从而减少行星反照率和大气粉尘浓度(正反馈)。

6. 变暖导致冻原被北方针叶林取代,减少行星反照率(正反馈)。

7. 土壤变暖加速甲烷生成,使其多于甲烷消耗,导致甲烷净释放(正反馈)。

8. 土壤变暖加速一氧化二氮的生成速率(正反馈)。

9. 温度升高使高纬度泥炭地释放出二氧化碳和甲烷(潜在的影响巨大的正反馈)。(Kirchner, 2002, pp. 395–396)

如果科学有那么点民主的话,从本质上来说这就是一个明确的投票,7票正反馈对2票负反馈,所以要么是稳态的盖亚对二氧化碳的上升不起作用,要么就是我们错估了这个系统。要解决这个问题,有个更准确的方法,那就是问清楚进入大气的二氧化碳中,百分之多少是以某种固存形式被提取回大气的(如从海洋中)。这里也一样,似乎只有一小部分大气二氧化碳被回收,而且其中只有很少量是同生物有关的(因为最大的固存因素是二氧化碳在海水中的溶解作用,这是非生物的,不是生物在起作用)。事实上,根据拉肖夫(Lashof)等人的开创性工作(Lashof *et al.*, 1997),生物似乎正通过增加大气二氧化碳而**放大**全球变暖的影响。

是否有数据能帮我们二中选一呢?生物到底是会通过减少二氧化碳显著降低全球气温,还是只引起些微降低或是反而会导致全球气温上升?事实上,还真有那么一组无可比拟的数据,涵盖了近期和古代,具有重大意义——取自厚冰层的冰芯。这些厚冰层主要位于格陵兰岛和南极沃斯托克湖附近地区。通过分析历经多年被封存在冰层内的气体，就能确定古代的大气成分和全球温度。

格陵兰岛和沃斯托克湖的冰芯记录以及历史观测（例如，来自夏威夷二氧化碳观测站的观测）清楚地表明，在过去两个世纪中，大气二氧化碳含量一直远远高于全新世甚至更新世的数值。为什么会这样？洛夫洛克最初的信条之一是，地球的大气层受到生物的强烈控制（调控）。据此可以预测，生物过程应该牢牢地掌控着大气的组成，从而使其保持相对稳定。换言之，我们不应该看到氧气或二氧化碳的含量随时间发生可观的变化。这显然不符合事实。这些气体具有重要的生物学意义，其含量长期和短期的变化均表明，大气不仅可以发生变化，而且在某些条件下（如地球上有冰帽时）还可以迅速变化。

短期的冰核记录显示，自前工业时代以来，大气二氧化碳含量上升了35%，**但进入生物圈的碳吸收速率仅加快了约2%**。此外，按盖亚论的预测，与主要是非生物因素的海洋吸收相比，由生物调节的陆地生态系统吸收对大气二氧化碳的调节应该更为灵敏，但事实上这两种过程对大气二氧化碳的水平几乎同样不敏感。

从这些定量的角度来看，大气二氧化碳和生物圈碳吸收之间的耦合并不牢固，这与拉肖夫（Lashof, 1989）估计的负反馈增益只有-0.02是一致的。换言之，理应减少二氧化碳的反馈系统接近于中性，并未对二氧化碳的减少产生显著影响。海洋通过非生物方式吸收的二氧化碳与植物丰富的陆地生物圈吸收的二氧化碳一样多，这一事实肯定与假想的能限制二氧化碳的生物反馈系统不相符合。

事实上，沃斯托克湖冰芯记录表明，从地球系统调节大气中二氧化碳、甲烷和硫酸二甲酯（DMS）含量的程度来看，这三个行星"恒温器"都被装反了，它们行使的功能是令地球在冰期变得更寒冷，而在间冰期变得更温暖（Petit *et al.*, 1999）。显而易见，在几十万年的时间尺度上，它们使地球气候处于**不稳定**的状态。这证明大气中的二氧化碳和甲烷并**没有**被地球系统牢牢掌控——尽管它们都是地球气候的重要调节器，尽管二氧化碳还直接参与了生命最基本的过程。**因此，至少从人类的时间尺度上来说，地球系统未能牢牢掌控大气二氧化碳，这是对盖亚假说的另一个实证反驳。**

这些所谓恒温器中的最后一个是 DMS，它最初被认为有着全球恒温器的作用（Charlson *et al*., 1987），直到后来人们才发现，它的作用是在寒冷时使地球冷上加冷，在温暖时使地球暖上加暖。这一结论是多位作者（Legrand *et al*., 1988, 1991; Kirchner, 1990; Watson and Liss, 1998）的共识。人们曾认为浮游植物生产了 DMS，而 DMS 就是云的成核剂。所以该系统一度被认为是对温度的负反馈，是一种海洋生物恒温器。浮游生物形成的增加将带来更多的 DMS，而 DMS 会导致更大范围的云层覆盖，从而增加了反照率，使地球的温度下降。但后来的研究表明，DMS 主要是由尘埃而不是浮游植物产生的，而且它的作用似乎与人们原先设想的完全相反：这个所谓的恒温器实际上在温度升高时起着进一步升温的作用，也就是一个正反馈过程。这是一个美狄亚的结果。

盖亚论还预测，生物反馈应该会使地球系统对扰动不那么敏感。但最适用的有效数据表明，生物介导的反馈的净效应将是放大而不是降低地球系统对人为气候变化的敏感性。测量扰动的程度是件让人望而却步的事，稍有不慎就会犯错，所以我现在对此不作涉及。但我预测，人们最终将会证明，生物效应会增加而非抑制对生命有害的气候、海洋和大气化学变化。

鉴于这些破坏稳定的生物反馈（正反馈）显而易见的普遍性，我们顺理成章地要质疑，地球系统是被生物反馈过程稳定的，还是被它们**干扰**——后者就是一种美狄亚的结果。事实上，科学界和决策部门尚未充分考虑生物地球化学反馈可能大大加剧全球变暖的风险。

生物引起的氧气和二氧化碳的长期扰动

在这一点上，我们需要开始深入探究地球的地质历史。为此，我们必须先谈谈时间。

"前寒武纪"年代分为三个主要阶段，由古往今分别是冥古宙、太古宙和元古宙。冥古宙是在生命和任何类型的丰富岩石记录之前的年代。太古宙以生命的首次出现和岩石记录开始，但并没有以生物事件作为结束，取而代之的是，它的落幕伴随着地球发生的一系列物理变化。随后的元古宙是一个微生物一统江山的年代，但在接近其尾声时，第一批动物进化了。元古宙与寒武纪大爆发间的分界标志着随后而来的古生代，那时第一次出现了大量的骨骼化动物。因此，冥古宙、太古宙和元古宙是漫长的时间间隔，其间可定义的事件屈指可数。

最近，我们手头已经有了关于氧气和二氧化碳含量随时间变化的新数据，要了解这些变化的细节和过程，读者可以参考伯纳（Robert Berner）（略专业的）的佳作《显生宙的碳循环》（*The Phanerozoic Carbon Cycle*, 2004）或笔者的《凭空而生》（*Out of Thin Air*, 2006）一书。碳含量是大气中二氧化碳浓度的函数，这个数值可以通过时间来估计。大气中的二氧化碳最初来自火山和地球深处。

耶鲁大学的伯纳一直是研究二氧化碳含量随时间变化的领军人物。他（及许多同行）的目标是用数学模型计算过去大气中的二氧化碳含量，因为这个数值无法直接从古代岩石中测量。究其本质，他们着眼于下列两者之间的平衡，一是碳酸盐岩和钙镁硅酸盐岩的大陆风化（如前所述，这会释放钙离子，并最终通过在海中形成石灰岩而移除大气中的二氧化碳），二是通过火山喷发回到大气的新的二氧化碳的输入，而火山喷发本身又与板块构造引起的海底石灰岩俯冲作用相关。在这个模型中,他们不得不持续关注四个主要变量。首先是大陆的土地面积。由于风化速率与可风化的土地数量有关,各时期的大陆面积将对二氧化碳水平有着决定性的影响。随着地球上陆地面积的增加,就有更多可被风化的硅酸盐岩,也因此赋予反馈系统从大气中去除二氧化碳的强大能力。

第二个变量是海底扩张的速度。扩张速度似乎与地球深处散发的热量有关。这样的热量越多,火山活动也越多,从而就有更多由火山生成的二氧化碳被泵回大气。

第三个变量是风化速率。随着温度的升高,风化速率也随之升高,从而影响反馈系统。最后,第四个变量是化学因素:地球、大气和海洋系统中钙、碳酸氢盐和碳酸钙的浓度是大气中二氧化碳含量的函数。

涉及这么多因子的建模,需要一个复杂的数学解法。最早的数学解中最"本原"的一个[别名BLAG模型,以其作者伯纳、拉萨加(Lasaga)和加雷尔斯(Garrels)的名字命名]需要联立解8个微分方程才能得到。在它的第一个具体形式中,得出了一个粗略的预测(所有模型能做的并不是测量过去的二氧化碳值,而只是给出一些它们可能是什么的概念),也就是一条过去1亿年间的二氧化碳曲线。

在20世纪90年代的10年间,BLAG模型得到了发展。它的作者认识到,这第一个模型有太多简化,只能得出非常粗略的预测,于是设法通过增加假设的复杂度以及纳入新的数学表达式来改进建模的数学运算。例如,新的改良模型(名为GEOCARB)的创新点包括:纳入了随时间增加的太阳光度和能量通量;添加了关于近1.5亿年来海底扩张速度更完备的信息(因而也对二氧化碳从火山到大气的传送速率有了更深的理解);还有,也许是最重要的,纳入了新的表达式来模拟施加于风化之上的生物学效应。岩石风化速率是该系统的关键组成部分,而从20

世纪90年代开始，人们逐渐明白了生物学效应对风化作用的重要性，因此要求模型必须考虑到生物学这点。最重要的突破则是，人们认识到，在过去的5亿年里，植物对陆地的入侵必然极大地改变了风化速率，从而改变了陆地、空气和海洋之间的二氧化碳循环。生物学一举上位，侵入了数学家们的地盘。

由于理解了地球系统的各个方面如何与自身和外部环境相互作用，下面描述的所有模型都是可能的。正面和负面的影响兼而有之。在正反馈中，给定系统中能量或速率的增加会导致另一个系统的能量或速率也增加。而在负相互作用中，速率的增加会导致交互系统中的速率下降。最后，还有中性的相互作用，即增加或减少对另一个系统没有影响。这些相互作用可以用一个流程图来说明（图4.1）。

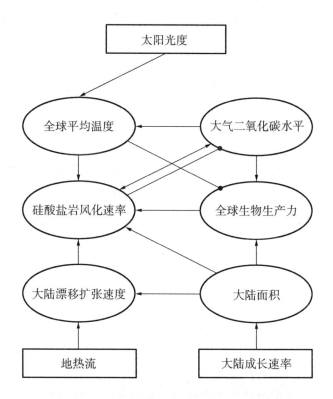

图4.1　用于计算未来温度和生产力的模型。

表4.1

影响大陆硅酸盐岩、碳酸盐岩及有机质的风化速率的过程	影响火山作用和变质作用所产生的地下二氧化碳脱气速率的过程
受山脉隆起影响的地形起伏； 全球陆地面积； 受大陆漂移影响的全球河流径流量和地温； 陆生维管植物的兴起； 被子(开花)植物的兴起； 太阳演化带来的全球温度变化,大气二氧化碳变化,矿物溶解速率； 由于二氧化碳施肥效应导致的植物根系活力增强	海底扩张速度的变化； 碳酸钙在浅海区和深海区之间的转移

如图所示,有各种各样的交互作用进行着——准确地说,有13种。例如,随着太阳光度的增加,全球平均温度也会增加,这既增加了硅酸盐岩风化的发生速率,也降低了生物生产力。硅酸盐岩的风化作用增加会减少大气二氧化碳的含量,而生物生产力的提高则会加快硅酸盐岩的风化速率(增加大气二氧化碳的含量也会如此)。大气二氧化碳的含量提高了生物生产力。增加的地热流加快了扩张速度,使得硅酸盐岩的风化变得更快。大陆成长速率的加快增加了岩石区的面积,也导致硅酸盐岩风化速率的增加。

将各类数值载入这个模型并把它们全部输入各种计算机之后,伯纳和他的同事最后得到的图如图4.2所示。根据对近6亿年(大约是动物和高等植物存在于地球的时间)的计算,伯纳的图显示了若干有趣的趋势,其中的重中之重是二氧化碳含量的整体长期下降。研究区间的开始,也就是一段被称为寒武纪的时间间隔,当时二氧化碳浓度约为现在的15倍,然后,在接下来的1亿—1.5亿年内,二氧化碳浓度经过一系列的波动,逐渐增加到现在的20多倍。但在约4亿年前,发生了一件最

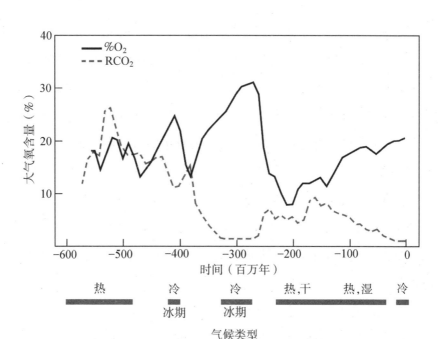

图4.2 二氧化碳（和氧气）含量随时间变化的曲线，曲线下方显示了气候变化特征。高水平的二氧化碳与温室效应引起的气温升高相一致。RCO_2是二氧化碳量与当前的量的比例。

引人注目的事情：二氧化碳水平显著下降。这次下降的原因似乎很清楚。约4亿年前的这段时间与陆生维管植物兴起的时间恰好重合。

陆生植物一开始以稀疏小枝的形态出现，不久就进化出了更高的灌木，最终成为参天大树，随着它们慢慢覆盖了地表，巨大的变化也影响着地球。腐烂植物中大量的碳开始被固存进土地中，最终再到煤炭和石油中。土壤变得更深厚更肥沃。随着绿色植物的扩散，大气中碳含量与地球土壤、海洋和岩石中碳含量之间的微妙平衡开始发生变化。越来越多的植物从大气中吸收二氧化碳，它们还开始加快硅酸盐岩的风化速率，从而形成了更多石灰岩，于是二氧化碳水平开始急剧下降。近1亿年间，二氧化碳的丰度一直呈整体下降趋势。这种下降在很大程度上可能是由构造事件造成的，最明显的是喜马拉雅山脉的地质隆起和随后的风化作用。因为地球的这个最大山脉主要由硅酸盐岩构成，而且其非同一般的隆起(由于印度板块与亚洲大陆间的偶然碰撞)造就了地球上最厚的大陆地壳，这个单一事件似乎就已明显改变了大气二氧化碳的组成，继而改变了地球的气候。随着喜马拉雅山脉的风化，钙离子和硅酸盐离子的释放导致各种碳酸盐循环以比火山系统更替更快的速度去除了大气中的二氧化碳。在过去的6000万年里，这一事件再加上植物生命在陆地上的进一步蔓延，将二氧化碳浓度拉到了历史最低水平。5亿年来，这个数字一直在波动，但即便在低谷期，二氧化碳浓度也从未低到会威胁植物生存的程度。然而，这是一个长期下降的过程。

　　二氧化碳和氧气的另一个表现与物种大灭绝有关。正如我们将看到的，特定的大灭绝似乎与低氧或二氧化碳增加的时期相一致。最近我用了伯纳研究中的新数据来证明这一显著的关系，如图4.3所示，其

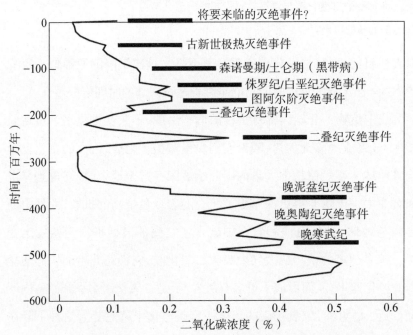

图4.3　近6亿年来的二氧化碳浓度，同时显示各个大灭绝的时间。

中柱状是各个大灭绝的时间。

虽然二氧化碳的增加在很大程度上是非生物的(来自洪流玄武岩火山作用)，但氧气的变化在很大程度上与生物学脱不了干系。例如，在约3.5亿—3亿年前的石炭纪期间，由于有机碳的快速埋藏，氧气含量上升最快。在这种情况下，碳被储存在新进化的树木中，而这些树木的木质素能抵御当时微生物的腐化和分解。被迅速掩埋的树木带走了大量原本会与氧气结合的物质(从而迅速降低了大气中的二氧化碳浓度)。而相反的作用——氧气下降——则是另一个极端：有太多可同氧气结合的所谓的还原性物质。下一章我们将看到，两者都导致了生物量的大规模减少，这就是美狄亚的结果。

生物介导的掠夺

生命还有一面也有着美狄亚的本质，这是一个可被称为生物介导的掠夺的过程。这个过程发生在下列情况下：一类生物在使用资源时压制了其他生物，比如说海洋富营养化(详见下文)，这样的滥用就会导致使用者的灭绝。一个典型例子就是从海洋表面"生物掠夺"营养物质，如浮游生物吸收营养物质、死亡和沉落(Volk, 2002)。全球海洋占了地球表面积的一半以上，而这一由生物介导的过程在大部分海洋上形成了生物"荒漠"。只有浮游生物的营养缺乏才能限制其自身的生物掠夺。

另一个例子是囤积资源然后将环境消耗殆尽的生物。资源囤积往往能提高适合度，因此，通过自然选择，囤积资源的生物会变得更为常见(从而资源变得更加稀缺)。结果就是，能有效囤积资源的生物将比不这样做的生物获得越来越大的优势。

其他美狄亚的效应

还有其他一些生物效应,会对生物圈及其内的生物产生不利影响。其中的两种就是海洋富营养化和直接毒害。

海洋富营养化

这一过程长期以来被认为发生在陆地上的湖泊中,直到最近人们才假设它在海洋中也会发生。事实上,人们现在认为这一机制导致了地球历史上最严重的五次物种大灭绝中的一次——约3.6亿年前发生于泥盆纪的灭绝事件。

同湖泊一样,海洋中营养物质的突然异常增长,会造成生物体(通常是浮游植物)的大量繁殖,再经历由盛及衰的生命周期,海洋富营养化就这么发生了。看来讽刺的是,生物过多反而会将一个生物群落置于危险的境地。由于营养物质的增加,以这些营养物质为食的生物体数量猛增,以浮游生物为例,有时它们会多到充斥于整个水表层区域。然而,如果接下来营养供应变少,过度繁殖的浮游生物将得不到充足食物并大批死亡。这些尸体中会有许多沉落、腐烂,腐烂的部分将水中的氧气消耗殆尽,而这些氧气是仍旧活着的生物所不可或缺的。于是,大量有机碳随后被分解,这就导致了一个问题:数量众多的生物先是猛增继而死亡,触发了连锁反应,水层中的氧气会因尸体分解而消耗一空,使得海洋表层的其他各类生物相继死亡。

接着是这一机制的运作方式。这些过去的事件在岩石中留有记录,可以通过细致的地质观测予以破译。一般会有从碳酸盐岩(石灰岩)到黑色泥岩的地质转变,黑色泥岩通常是缺氧环境下沉积作用的标志,而且往往伴随着石灰岩形成期间生活在那里的生物的大灭绝。通常石灰岩会变少,泥岩取而代之(这些岩石中的化石也会改变)。在缺氧事件发生之前,大多数栖息在海底的动植物都在进行光合作用(现代珊瑚体内有一种叫作沟鞭藻类的微小植物,它们为珊瑚进行着光合作用)。随后这转变成了以食腐动物、食碎屑动物和食肉动物为特征的底栖动物群落。营养丰富的深层海水的上涌作用(由各种海底洋流将底层水推升至表层)导致水层中氮和磷的可用度在这段时期急剧上升,引起了初级生产力的爆发。泥盆纪时期,由于从热带到亚热带的生物极有可能已经适应了低营养且清澈的水环境,下述事件一旦发生,就会产生重大影响:浮游植物大量繁殖使表层水变得浑浊,适应于清水(光合作用得以进行)的浮游生物和游泳生物等群落遭受灭顶之灾。在较下层的海水中,随之而来的大面积缺氧破坏了底栖生物群落,大量繁殖会间接造成这种情况。浮游植物继而死亡,大量尸体沉落海底,将海水底层的氧气耗尽,导致生产碳酸盐的底栖生物最终死亡。

这些"富营养化"事件刚从古代岩石记录中被发现。不过,通过对现代湖泊和峡湾的研究,人们早就认识到了它们。在湖泊和峡湾中,富营养化事件后,物种会变少,但一般而言,生物体和生物量也会变少,这是由于位于食物链底端的动植物被异养生物(它们需要以有机物为食)取代,从而导致净生物量的下降。这是一个美狄亚的结果。

这里所描述的泥盆纪末期的富营养化事件,将在下一章进行概述。基于我自己的研究小组的新结果,我将证明这可能并不是此类事件的个例。

毒害作用

直接毒害环境也是许多种生物的特征。其中某些毒素是为了抑制竞争对手。澳大利亚的桉树就是这样的例子——它们的叶子和树皮都有剧毒,当它们从原先生长的树干上散落到四周时,就会对所有的地面植被造成有效毒害,从而抑制外来者在此发芽。

第二种毒害作用是由所谓的赤潮生物引起的,它们会产生毒素并释放到海水中,杀死周围所有生物。

第三种毒害作用来自微生物产生的致命化合物——硫化氢。这种物质是几种细菌的副产品,这些细菌只生活在低氧海水中。在下一章我们会看到,这种导致"化学跃层"(深层缺氧底部水和较浅的含氧水之间的分界)发生变化的机制,直到最近才由宾夕法尼亚州立大学的孔普及其同事通过研究发现。这颇有些讽刺,因为正是这同一位孔普与洛夫洛克合作开发了雏菊世界(Daisyworld)模型,这是关于盖亚现象存在的最有力的理论论据之一。不过,孔普现在阐述的这个过程也许是有史以来由生物产生或介导的最高效全能的杀手之一。硫化氢的释放可能是大部分物种大灭绝的原因,而且这种情况肯定会再次发生。

还有更多可称之为美狄亚现象的例子。然而,更重要的是地球历史上这些事件的真实案例,我将在下一章介绍。

◇ 第五章

生命历史中的美狄亚事件

大量物种的消失堪称浩劫,总是消除或看似不容许物种进化出抗大灭绝能力的任何进化选择,显然太过简陋了。

——麦吉(George McGhee),1989 年

本章列举了一些地球事件,归总在一起,就能为反驳盖亚假说提供充分的证据。这证据并不能"证明"美狄亚假说,因为在科学领域,"证明"是困难的,甚至几近不可能。但是,这将是一个杀手锏,提出的证据肯定会让人们更容易接受这个假说。首先,我会描述地球历史上的一系列事件,如果盖亚假说是正确的,这些事件中的每一个就都不该发生。然后我会根据我们对不同时间生物量的最佳估计,来探究地球上生命的漫长历史,并将此作为一种评价生物是否成功的方法,分别从两个假说的角度来检验结果。

以下每个事件分别代表了地球历史的一段时期,在这些时期,某些生命会威胁其他生命和(或)自己(通常是前者)。我将这些事件按大致的时间顺序排列。

DNA上位,40亿(?)—37亿(?)年前——第一次美狄亚事件?

本章开篇提议将之视作第一次美狄亚事件的是——由生命驱动的导

致后续(后代)生命丰度多样性下降的事件。这些事件实际上就是灭绝事件，我会按时间顺序由远及近一一列出。不幸的是，与后来那些基于地层和化石证据得出的事件不同，第一次美狄亚事件不过是个基于一定理论知识得出的猜测。由于目前还没有方法能科学验证这一假说，它充其量只能算是个持之有故的猜测而已，但我们中许多人都相信这是真的。

在过去的几年里，为了寻找我们熟悉的地球生命的可能替代者，生物化学家们利用实验进行了多次尝试，他们试图通过改变被用于编码特定氨基酸的核苷酸数量以获取外来"语言"生产DNA，在某些情况下已取得了成功。不同生物化学家的实验均表明，DNA确实可以有多种"语言"，例如，如上所述的通过使用不同数量的核苷酸来编码特定氨基酸。因而，我认为，地球上的早期DNA生命有可能是以各种形式出现的，与我们现在所熟悉的DNA也许都略有不同。若是如此，那很有可能不同种类的DNA会相互竞争。这里似乎有着两种可能性——要么我们的现有版本比其他版本更具竞争力，要么它就是第一个从RNA世界进化而来的版本。很难相信，我们复杂多样的DNA的形成就这样一蹴而就，而没有伯仲之间的竞争对手。如果是前一种情况，那每种DNA之间很可能有过激烈竞争，而且这竞争本质上是达尔文式的。随之而来的将是对其他种类生命的压制，如果是这样，这就是一个美狄亚事件。确切来说，**这是第一个美狄亚事件的实例：单一种类的生命登上主导地位**。在别的方面，我遵循其他进化生物学家的观点：在地球历史的早期，肯定有过最为丰富的生命多样性，这里指的是最基本的生命种类，而不是物种的多样性。而自那之后，可能就只剩一个种类的生命了。

后文中，我们会看到各式各样的物种大灭绝。尽管它们是灾难性的，但都只是对DNA生命而言，而且主要是更高等、更复杂的生命种类，如动物和高等植物。实际上，史上最大规模的物种灭绝可能就是第一次大灭绝，一次由DNA(跟我们现在一样的DNA)招致的大灭绝，这一事件的始作俑者是生命——达尔文式的也是美狄亚式的地球生命。

甲烷灾难，37亿年前

早期地球和我们现在居住的星球截然不同。当生命最初出现时，海洋和大气是什么样的性质？而生命又对海洋和大气有什么后续影响？

要初步了解早期地球的化学性质，我们只需要看看太阳系中最大的卫星——土卫六。土卫六有一个独特的大气层，在如今的太阳系中，这是独一无二的。但所有早期类地行星可能都有这样的大气层：一个充斥着甲烷烟雾的浓厚大气层。人们假想，早期地球也有甲烷大气层，它也许是最早生命的副产品，是早期代谢的废弃物。生命的表现形式是一系列类似石油的油膜和被称为叠层石的堆叠的细菌层和沉积物。尽管从个体来看，这些微生物是微小的，但它们遍及全球、数量丰沛，并就此开始改变地球——或者更准确地说，开始毒害地球。这是宾夕法尼亚州立大学著名的大气科学家兼天体生物学家卡斯汀得出的结论。他的新作描述了地球上产甲烷生命形成后，如何通过在地球表面制造一个寒冷的缓冲区，而差点一早就给我们星球上的生命传奇画上了句号。甲烷霾的形成占据了已然很冷的地球（太阳的能量降低了30%以上），又第一次在其上加了一层云，将热量反射回太空。要不是地球上还有着温度非常高的火山热流，这样寒冷的情况会使地球环境更为恶劣，远无法满足生命生存的需求。但凡地球离太阳距离再远一些，其温度就会降低到任何现有地球生命都无法承受的程度。而是否会进化出另一类不同的生命（如第三章描述过的可能存在的氨基生命*），仍未可

---

* 为避免混淆，此处指的是以液态氨代替水作为生命基质，即对应于"水基生命"，而和生命骨架相关的"碳基生命"并不对应。——译者

知。无论如何,寒冷云层的这个附带结果和盖亚假说所预测的事态发展并不相符。这是展示了最早的生命是如何因自己的形成而差点终结自己的第一个检验。

大气氧含量第一次升高,25亿年前——大规模杀伤性化学武器

当前关于我们的氧气大气起源的观点是,约30亿年前,开始有少量的氧气大气产生,这来自当时全新的光合微生物。在此之前,所有的生命都是厌氧的,利用的是不释放氧气的原始类型的光合作用。释氧光合作用的进化带来了游离氧的积累。这种近乎自杀的行为是美狄亚假说中最令人震惊的例子之一。我对这一事件的理解来自发表在《美国国家科学院院刊》(*Proceedings of the National Academy of Science*)上的重要新发现,作者是加州理工学院的科普(Robert Kopp)和科什文克(Joe Kirschvink)。他们对南非锰矿田的研究工作表明,导致氧气突然出现的蓝细菌,是直到它们出现之后的几亿年,才发生进化的。氧气在地球上制造了一次严重的大灭绝:地球上的生物数量骤然下降。这是一个美狄亚式的结果。只有那些能够耐受氧气的微生物的子孙——以及学会制造氧气的蓝细菌和后来学会呼吸氧气的微生物——才能自此享受阳光。

第一次全球冰川作用,23亿年前——生命导致了第一次雪球地球事件

20世纪90年代晚期的伟大科学发现中,科什文克的发现占有一席之地。他是现已被接受的“雪球地球”概念的提出者。这一假说认为,

发生于约23.2亿—22.2亿年前的第一次全球冰期十分严重，整个地球的海洋完全冻结，只有来自地核的热量使得超过1000千米厚的冰下还存在一些液态水，因此令地球生命几乎全军覆没。这一事件无疑使我们星球上的生命门类以整个目为单位大量减少。这个事件就是美狄亚式的。上述那些光合微生物的数量增加到一定程度之后，导致了包括二氧化碳和甲烷在内的大部分温室气体被清除。因为甲烷是一种强大的温室气体，而且当时太阳（及其抵达地球的能量输出）特别微弱，所以地球的气温骤降——但这次与最早期生命形成时的第一次事件不同，不是因为云层，而是因为保热的温室气体的损耗。火山是二氧化碳的主要来源，它也无法提供足够的二氧化碳以达到保持地球温暖所需的大气温室气体的水平，于是行星恒温器就发生了故障。结果，极地冰帽扩大，地表大部分被冰川覆盖。全球变冷的速度加快，因为白色的冰比深色材料能更高效地将热量反射回太空。在科什文克发表其关于假说的第一篇论文后不久，哈佛大学著名地质学家霍夫曼（Paul Hoffman）就开始研究雪球地球现象。他指出，如果更多的雪把更多阳光反射回太空，那么很快就会导致来势迅猛的冰川作用。海洋完全冻结。大规模的死亡到来，幸存者寥寥无几。但这第三次美狄亚事件可能是有史以来最接近行星"绝育"的一次。它的产生源自生物体的行为，因而这行为是一种美狄亚式的行为。

坎菲尔德海洋，20亿—10亿年前（?）

所有问题中最令人困惑的一个是，为什么动物和高等植物要花这么长时间才能从远古地球上较为简单的祖先进化而来。进化步骤（首先进化到真核生物级别，再是多细胞）尽管又被细分为许多独立的子步骤，但从其步骤的数量来看，并不困难，也不耗费时间，根本不至于需要花费数十亿年的时间。然而从约37亿年前生命出现,直到不到6亿年前才有了真正的动物。甚至连多细胞植物也直到10亿年前才开始大量出现。为什么这么久呢?最近有人提出,复杂性的进化被生命本身所扼杀,其形式就是我们所说的"坎菲尔德海洋"(Canfield oceans)。这是美狄亚式的。

地球化学家坎菲尔德(Don Canfield)是耶鲁大学伯纳的学生,就是那个发现了地球二氧化碳和氧气记录变化的伯纳,而坎菲尔德改变了我们对远古海洋和古大气的看法。他们两位发表了一些关于大气和海洋的开创性论文,那个时期的海洋还处于层化、缺氧的状态,这是漫长的前寒武纪时期海洋的特征(后文提到的大灭绝时期的海洋也有这些特征)。他们首先利用硫的稳定同位素,再通过建模证实,得到了他们的发现:在很长一段时期内,缺氧海洋有两种类型,一种就是没有任何氧气的,另一种虽然也是缺氧的,却充满了一种不折不扣的毒气——恶臭的硫化氢气体。这种海洋是如此非比寻常,于是地质学界以最初发现者的名字将之命名为坎菲尔德海洋。

随着生命进化而出现的缺氧海洋使大量还原性碳积累并最终被掩埋。然而,在某些情况下,**即使没有溶解氧**,还原性碳也会被氧化,生成的产物就是硫化氢气体。大一化学课的可怜受害者都知道,硫化氢让臭鸡蛋跟它一起臭名昭著,而且理由充分。这个剧毒的物质是致命的毒药。如果溶解在海水中,随着浓度增加,它对海洋生物就是致命的。而如果它以足够多的量进入大气层,就可能会对陆生生命构成威胁,这个结果我们将在下面讨论物种灭绝的原因时再次详细探讨。

那么,海洋是什么时候又因为什么变成坎菲尔德海洋的呢?人们现在已经知道了原因。有一种罕见的细菌,它能利用硫进行代谢,并以有机碳和硫作为底物和能源,释放出废弃物硫化氢。这些细菌被称为硫酸盐还原细菌,是诸多物种中一群并不讨喜的角色。它们总是沉在海底，不少已蛰伏了几十亿年，但在前寒武纪的大部分时间里，它们突然猛增，数量和毒性都不容小觑。

坎菲尔德海洋的毒性之大，致使在前寒武纪某段时期（6亿年前直至生命起源）的数百万年间，生命的第一次进化一直受其压制。这一想法的背后有两个原因。首先是硫化氢显而易见的毒性，但同样重要的可能是微生物抑制了对植物生命有用的化合物中氮的形成。许多种类的微生物都能将氮这一生命基本元素"固定"成具有生物学作用的化合物，而真核生物（或者说是植物生命）却没这本事，它们只能依赖微生物来完成这项工作。进入坎菲尔德海洋硫细菌群，突然之间，原来就少得可怜的氮更是可望而不可及。这种细菌虽然自己根本不需要氮，却自私地阻止其他微生物获取氮，不让它们把氮转换成有用的形式提供给真核生物。低氮的海洋就是一个需要养分却求而不得的海洋。它就像一块所有的氮都被滤除的土地，只有一小部分植物生命能在这种环境中生长。坎菲尔德海洋就此成为一片污浊之地。

我们刚刚了解了坎菲尔德海洋形成的条件，以及它们是怎么样和为什么从含氧海洋或传统的缺氧海洋（没有大量硫化氢的海洋）转变而来。耐人寻味的是，我们在下文中可以看到，坎菲尔德海洋在远古时期曾经出现过好几次，并与灾难性的物种大灭绝的时间吻合。

无论如何，这就是一个典型的例子，证明了生命——硫细菌——使地球成了一个更糟糕的地方，不利于其他生命生存，不利于进化出更复杂的生命，不利于进化出那类需要植根于陆地的利用氧气的生命。因此，坎菲尔德海洋似乎将地球的生物量压制在比其他情况下更低的水平。

第二次雪球地球事件，7亿年前

23亿年前的第一次雪球事件对地球生命产生了显著的影响。持续最久的影响似乎是进化上的滞后效应。在这次远古的雪球地球事件之后，生命在复杂性上并没有经历更进一步的进化。第一次雪球事件时，真核生物、多细胞生物就已经存在了，但在其后15亿年间，生命都不曾变得多样化。而约7亿年前，当新的植物种类最终开始变得多样化时，地球又进入了一个新的雪球地球时期。这一次的灾害程度更加严重，因为当时已经有了更多的陆地表面，令全球气温下降得更多。这个新的雪球事件极大地影响了营养循环的路径，并就此将陆地生命的兴起推迟了1亿年。如同第一次雪球事件一样，这次事件也因生命而起，所以也是美狄亚事件。

动物的兴起，生命的减少，6亿年前

7亿年前雪球地球事件的结束为地球的一个变革时代——伟大的进化变革——拉开了帷幕。不久之后，第一批动物门类开始出现在地球上，当时地球的生物量正从第二次雪球地球事件中恢复，并已可能升至巅峰（在下一章会予以讲述）。这一事件似乎也标志着前述剧毒、低氧、有着高硫化氢海底的坎菲尔德海洋长期统治的终结。

在距今5.4亿—5亿年的"寒武纪大爆发"期间，动物的崛起是何等令人瞩目，这确实堪称有史以来影响了地球的重大进化事件之一。显然，地球上的物种数量暴增。但是生物量呢？似乎正好相反。随着动物和高等植物的增多，叠层石的数量和层状细菌膜的其他证据也急剧减少。在这些新兴动物中，最早出现的食草动物和食肉动物的进化是

造成这一现象的主要原因。新进化的浮游动物(以浮游生物和其他微生物为食的微小动物)的粪粒粘在一起,形成黏性泥球快速沉入深海,清除了有阳光照射的透光层中的有机碳和营养成分,并阻止它们以光合作用的方式进行循环。所以,我们可以把地球上复杂生命的进化视作美狄亚事件,因为它引起了生命总量的减少。

这种生物量的减少可能不仅仅是由于食草动物在新进化的动物中的成功,还由于显著下降的全球气温。实际上,如果建模结果表明这是正确的,那这就是地球历史上行星气温下降幅度最大的一次。

由德国波茨坦大学的弗兰克(Siegfried Franck)带领的一组气候模型学家已经成为地球未来环境建模的领军人物,他们的工作将在第七章详细讨论。他们也模拟了过去的气温(图5.1)。结果中令人吃惊的一个重要方面是:他们的模型——基于对各类参数(如大气二氧化碳含量、大陆成长,以及火山作用和其他构造作用的速率)的最佳估计——

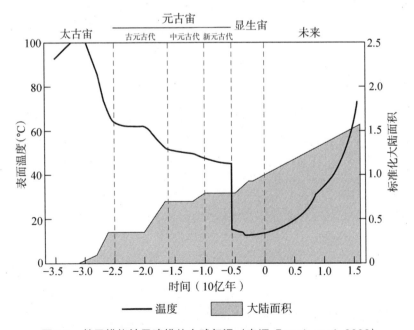

图5.1 基于模拟结果建模的全球气温。(来源:Franck *et al.*, 2006)

显示,有一次全球表面温度直降了近40℃,而这与寒武纪大爆发中动物的出现时间相吻合。弗兰克及其同事明确地将这次降温归因于动物的出现。光是这样的降温就会大大减少原核生物的行星生物量。这是又一个美狄亚事件,而且对估计宇宙中动物生命的出现率意义非凡。地球之所以能渡过这一剧烈的变化,是因为它离太阳足够近,并且大气中有足够的二氧化碳来避免又一个可能更为致命的雪球地球事件。

显生宙的微生物大灭绝,3.65亿— 0.95亿年前

对坎菲尔德海洋的讨论让我们回顾了自动物首次进化以来发生的大灭绝。大灭绝是短期事件,它减少了地球上生命的多样性,而要消灭物种,就需要组成这些物种的众多个体大规模死亡。一场大灭绝会令许许多多物种灭绝,致使各种类型生命的个体数显著减少。大灭绝在盖亚假说中本无足轻重。然而,在1980年有了个突破性的发现——著名的导致恐龙灭绝的"白垩纪–第三纪*"(KT)大灭绝是由一颗直径10千米的小行星撞击地球造成的,撞击点现为尤卡坦半岛,并留下了宽200千米的希克苏鲁伯陨星坑。自那之后,盖亚假说的信徒就认为大灭绝是"盖亚中性"的。在这一范式转移**事件的科学余波中,人们认为,五次大灭绝(奥陶纪、泥盆纪、二叠纪、三叠纪和白垩纪)中有四次,都可

---

* 第三纪原为新生代的第一个"纪",距今6500万—260万年,分为老第三纪、新第三纪。新制定的地质年代表中"第三纪"已不再使用,老第三纪改为古近纪,新第三纪改为新近纪。——译者

** 又称典范转移、范式转换。美国科学哲学家库恩(Thomas Samuel Kuhn)最早在其代表著作《科学革命的结构》(*The Structure of Scientific Revolutions*)中首先使用该词,指的是在科学领域中公认的模式或基本理论中的根本假设的改变。——译者

能同样是由小行星或彗星引起的，唯一的例外是奥陶纪大灭绝事件，它被归因于γ射线爆或附近超新星爆发的影响，因此，它也有一个地外起因。对于其他四次物种大灭绝以及某些较小规模的大灭绝而言，撞击的证据已有文献报道；而在某些情况下，如在所有大灭绝中规模最大、最具灾难性的二叠纪灭绝(有90%的物种灭绝)，关于它的科学报告更是被翻译成了广泛流传的新闻故事，不容任何相反观点。

地球上的生命无法预测小行星的撞击，也无法预先作好准备。因此，这些事件立于盖亚中性的位置。然而，近期有不少关于大灭绝的研究驳斥了除了最初的KT大灭绝之外的所有灭绝事件的撞击假说。KT大灭绝现在被解释为是大体积撞击的结果，那其他的大灭绝呢？它们的原因似乎是相似的，事实上就是生命本身——至少是某些物种的影响，比如疯狂的微生物。正因为如此，它们成了支持美狄亚假说并驳斥盖亚假说的最有力的证据。

直到近几年，古生物学家和地球化学家才发现了这些事件的存在及其真实且残暴的实质，并称之为"温室大灭绝"。它们是由有毒大气的状态造成的大灭绝事件，如果二氧化碳浓度(体积分数)达到或超过0.1%，这种大气状态可能在未来几千年间卷土重来。而这些事件的始作俑者正蛰伏于深海，静候着重返它们丰沛于天地的时光，一如过去的20亿年(除了其间的数亿年)。要不是因为碳从大气中被缓慢地抽离出来，结合成了煤、石油和石灰岩，地球大气中的二氧化碳用了5亿年之久被清除，这差点就成了地球永远无法挣脱的扼颈之灾。可现在，由于我们燃烧燃料，碳又以二氧化碳和甲烷的形式回归，暖化世界，荼毒海洋，甚至很可能报以一场新的温室大灭绝，同4.9亿年前、3.6亿年前、2.51亿年前、2.01亿年前、1.9亿年前、1.35亿年前、1亿年前，可能还有0.55亿年前如出一辙。

这些事件是什么，又是如何发生的呢？它们是由海洋中的硫细菌大量繁殖造成的,而硫细菌只能在缺氧状态下生存。在全球变暖的世界里,当从热带到两极的热流为零,或是保持海洋深层氧气供应的深海热盐环流系统不再运作,就能出现缺氧的情况。我们知道,约2.51亿年前,一场巨大的火山活动使大气中充满了由火山产生的二氧化碳,二氧化碳浓度因此迅速飙升至0.1%以上。这就导致了现在被称为二叠纪灭绝的事件,海洋和大气在数千年间持续变暖,甚至在北极圈都能看见鳄鱼和棕榈树,而气候的变化,更是昭示着不祥——热带和南北极之间的热差缩小,致使风和洋流逐渐消失,整个星球一片死寂。随着重要的洋流引擎开始减速随后慢慢停下,将冰冷、含氧的海水从海面带到深海的正常海洋机制也不再运作。于是深海变暖,并像现在的黑海一样,进入了缺氧状态,让这个横跨星球的缺氧区中的动物全数死亡。慢慢地,这一大片无氧水从深海上升到了浅海,与此同时,一个完全不同的菌群取代了原先正常的好氧浮游生物和微生物成分。先是海洋改变了状态,不久后又轮到了大气层。

大灭绝是指物种在短时间内死亡,导致生物的整个科甚至是目灭绝。随着伯克利大学的阿尔瓦雷斯(Alvarez)研究团队的开创性发现(6500万年前,由于某个大型小行星撞击地球的余波,恐龙时代在一片火光中迅速谢幕),范式转移发生了。这个发现令大多数地球科学家得出结论,不仅是恐龙时代的终结,过去发生的大多数甚至可能是全部15次左右的物种大灭绝(其中5次堪称浩劫,有超过50%的物种死亡),都是由从太空坠落的巨石造成的。而2001年和2002年,又有人在《科学》(Science)杂志上大肆报道自己的发现,宣称以往的大灭绝中最大的一次——二叠纪大灭绝,或称"大死亡"(Great Dying),以及2.01亿年前的三叠纪大灭绝,也是由小行星撞击造成的。只有一个发生在5500万年前的古新世末期的小事件,似乎与撞击灭绝的范式不尽相同,但撞击灭绝科学已然成了蛮横无理的科学一言堂,对这个单次事件可能根本视而不见。从某种意义上来说，所有大灭绝均因太空岩石而起的想法似乎是个让人松了一口气的发现，20世纪90年代末应运而生的两部电影《天地大冲撞》(Deep Impact)和《世界末日》(Armageddon)，更向我们展示了把这些冲地球而来的小行星炸出轨道的英勇行为，愈发令人欢欣鼓舞。我们人类肯定能够策划工程来解决未来的任何此类事件。然后，发生了一件几乎被媒体忽略的奇闻。二叠纪的撞击证据现在受到了严重质疑，而人们又发现，三叠纪末发生的撞击太过轻微，不足以在陨星坑的爆炸区域以外造成太多杀伤。虽然"死于小行星"成了耸人听闻的头条，但日积月累的证据表明，除了导致恐龙灭绝的KT大灭绝（唯一一次主要因撞击而致的大灭绝）之外，其他大灭绝另有原因，但它完全被媒体忽视了。

但如果不是撞击，又是什么呢？总得有一个新的原因，而答案来自一门新兴科学，来自那些懂得如何从古代岩石中提取细胞壁和古蛋白质的微小碎片的专家们。这些古老的化学碎片被称为生物标记，可能与高度特异的生物类群有关，比如一些特殊的细菌（甚至是动物或植物）目。2005年，澳大利亚科廷大学和麻省理工学院的独立研究小组已经从分布广泛的二叠纪海洋地层中发现了几处遗迹，遗迹属于一种特殊的好硫细菌，它仅存在于缺氧且富硫（确切地说，是硫化氢）的有光照的浅海区域。生物标记显示，只有当海洋自上而下完全变暖、静止和缺氧时，这些细菌才能大量存在。很快，在前后跨越5亿年时间（动物时代）的多个物种大灭绝地点都识别出了相同的生物标记。大灭绝的新原因已呼之欲出：全球变暖，导致了全球停滞和由此产生的一系列事件——没有从赤道到极点的热量梯度，没有洋流或风。没有洋流，被加热的海洋就会自下而上逐渐失去氧气。到那时，一群现在仅少量分布在海洋中少数低氧小区域里的微生物，就此繁衍生息，日益壮大，终成气候。其中之一是一群利用硫的细菌，它们的代谢副产物就是剧毒的硫化氢气体。即便是低浓度的硫化氢,也足以致动物于死地,而岩石记录显示了一些反复发生的事件:硫化氢从海水溶液中大量释出,进入大气并混入高热空气中,残忍地屠戮了大部分陆生生命,尤其是植物。就目前所知,这种情况至少发生了8次,而且每隔数月就有更多此类事件被陆续发现(这还是在地球生物学家的"军队"规模很小,资金微乎其微的情况下)。

这些变化并非一日之功:洋流消失通常昭示着硫细菌需要的缺氧海洋的到来,而从我们这个浪奔浪流的世界转变为一个没有洋流的世界,千年一遇——除非我们令大气二氧化碳浓度超过0.1%。但岩石记录表明,二氧化碳浓度达到该水平时,冰帽将不复存在。如果冰帽融化,那么又一次温室大灭绝的系列事件将被启动。这类事件中最严重的一次杀死了90%的物种——这也意味着,超过99%的生物个体将被消灭。

过度的火山活动造成了被称为洪流玄武岩的巨大熔岩区,触发了以往不计其数的温室灭绝。这一次最接近的原因则有所不同,但二氧化碳还是那个二氧化碳,无论是来自火山还是来自团藻。无论是哪种情况,生命(微生物)在引发"杀戮"机制中的作用绝对是美狄亚式的,而非盖亚式的。这些事件又一次证明,盖亚假说应该被摒弃。

植物登陆导致的全球温度快速变化,4亿—2.5亿年前

4亿—2.5亿年前的时间段似乎有着一个巨大的温度波动。从约4亿年前开始,世界是温暖的;从3.5亿—3亿年前则是狂烈的冰期,随后在二叠纪末期又变得温暖,如同沙漠。这种扰动并不促进多样性的增加。它们是由生命造成的,这表明它们是美狄亚式的。

这段时期温度的快速变化部分归因于陆生植物的进化,因为它们

的存在对地球的气候和平均温度产生了极大的影响。由于维管植物需要固定在基质中,并通过根系吸收水分和营养,它们促进了土壤的形成,并明显影响了岩石的风化速率,从而影响了大气中二氧化碳的含量。

维管植物通过机械分解它们所植根的物质影响着风化速率。不仅如此,它们对岩石的化学风化也有着显著影响。植物的支根(以及它们所含的共生微生物群,如细菌和真菌)具有非常大的表面积,上面到处分泌各种有机酸,这些有机酸腐蚀底土层中的矿物质,以获取诸如磷酸盐、硝酸盐和生长所需的各种元素等养分。此外,这些植物在死后会产生有机垃圾,分解成有机酸和碳酸,而碳酸为矿物质的化学分解提供了额外的酸。植物根系对土壤的保水性也有显著影响,因为有植物扎根的富含黏土的土壤能抵御水土流失。这类土壤的保水性也就此维持了矿物颗粒周围的液体环境,加速了矿物质的溶解。所有这些因素的综合作用加速了岩石的风化,最终拉低了大气二氧化碳含量。

在约4亿年前的泥盆纪,维管植物发生了进化,在此之前,陆地上的化学风化速率迥然不同,因而大气二氧化碳浓度和行星温度要高得多。尽管有科学家认为,在此之前地球表面有足量的真菌和藻类来影响化学风化速率,但大多数科学家还是达成了共识,最至关重要的变化当属根系的进化。人们已对风化速率的实际增强效果进行了实验研究。结果表明,维管植物的存在使风化作用加快了4—10倍。

维管植物进化的第二个影响是,降低了大气二氧化碳含量,从而减缓了升温速率。随着植物死亡,它们会凋落并被沉积物掩埋。虽然这类物质大都可被分解,但仍有相当多的物质,尤其是植物中由木质素组成的部分,能抵御微生物的分解,特别是当这种材料被迅速掩埋时。有机物质的掩埋(常常导致煤矿床的形成,这些矿床在地质上能稳定存在数百万至数亿年)将大气中的碳移除,将其转存为依附地层的稳定储藏。从4亿年前的泥盆纪(陆生植物开始在陆地上繁茂生长的时期)开始,碳掩埋率增加,导致大气二氧化碳急剧减少。因此维管植物提供了两种降低大气二氧化碳的主要方法,一是增加硅酸盐岩的风化速率,二是将无机碳转化为有机碳,然后将其从"开放"的空气–水系统中移至相对封闭的沉积矿床中。

陆生植物进化这一重大变革的气候学影响是,导致大气二氧化碳在1亿年间减少到原先的二十分之一。这一现象的一个主要后果是地球急剧变冷,并在约3.5亿年前形成了一个影响了地球大部分地区的大冰期。从那时起,在系统中循环的无机碳总量持续减少,从而导致长期的温度下降。

泥盆纪富营养化事件,3.6亿年前

如第四章所述,直到最近,研究远古时代的学者才认识到假设的海洋富营养化事件。在这些事件中,浮游生物会出现短期的水华,而这些浮游生物本身是表层营养物质异常增加的产物。它们引发水华,相继死亡,沉入海底,最终被微生物清除,而代价就是海底的所有溶解氧被耗尽。泥盆纪大灭绝就是一个例子,它是五次大灭绝之一,发生在约3.6亿年前。许多科学家和研究人员都为这一发现作出了贡献,其中艾尔吉奥(Thomas Algeo)和塞奇曼(Brad Sageman)厥功至伟,这两位地质学家专门研究此类事件。

虽然富营养化事件表面上在某些方面都类似前述的温室灭绝,特别是两者都同无氧的底层海水有关,但它们之间仍有重要区别。而重中之重则可能是有机碳的命运。

在光合作用中,碳、氮和磷被藻类有机质吸收。富营养化事件发生期间,当氧气浓度改变时,较低水层和沉积物中的细菌不断分解死亡的有机质,容易释放更多的氮和磷回到海洋。因此,过剩的碳被掩埋,继而改变了沉积物的本质——从石灰岩为主变为黑色页岩为主。石灰岩中,大部分石灰来自生物的骨骼,包括珊瑚和海绵等造礁生物,页岩则庇护着一批截然不同的生物。随着分解不断增加,底层海水曾有的氧气消失殆尽。另外一个与温室灭绝不同的关键之处是,这些富营养化事件被假定发生在全球气温较低的时期,而不是炎热的时期。

泥盆纪大灭绝的最终结果令人震惊。我自己的野外实验区是西澳大利亚州的坎宁盆地,这里有着世界上最大、保存最完好的古珊瑚礁之一,由于物种灭绝,珊瑚礁的主宰者从动物变为了微生物。在浅水石灰岩的间隙,有着低氧水和深色页岩沉积物存在的证据,这表明低氧水直接上升到了海面,将位于浅水的珊瑚礁置于死地。

泥盆纪事件显示,这些富营养化事件破坏了生物量和多样性。它们理所当然也是美狄亚事件。

KT大灭绝,6500万年前

如前文指出的,6500万年前由小行星引发的KT大灭绝被认为是"盖亚中性"的,因为它是由地外撞击产生的,所以与生命没有任何关系。虽然撞击确实是来自外太空,但也有人认为,生命的影响放大了灭绝的程度。

白垩纪末期,全世界被森林覆盖。撞击的一个后果就是燃起了森林大火。它产生了大量的灰尘和黑色煤烟,充斥于大气。煤烟是一种生命的产物,在撞击后的几个月内,使得全球变冷,而这在杀戮机制中发挥了重要作用。这又是一个美狄亚效应。

更新世冰期

如果我们回溯时光,来到约1.8万年前,会发现一个与我们今天所熟悉的世界截然不同的世界,而这一番见闻或许可以指导我们应对下一个冰期时地球可能再次遭遇的危机。在北半球,现在人口密集的许多地方一度(还将再次)覆盖着冰或永冻土,冰川的南缘延伸到了现在的纽约市和欧洲中部的大部分地区,而它们南边的广袤地区也被永久冻结。冰山拥堵在大西洋上。在北美洲和欧洲的许多地区,冰川厚达3千米,由于沿着冰川前缘产生的巨大风力,即便是在冰区以南的地区也像冰层覆盖区一样不适宜居住。高达每小时300千米的风速,现在的任何飓风都无法与之匹敌,但在当时庞大的大陆冰川边缘再平常不过。如此巨大的风会把堆积如山的灰尘和砂粒扬到空中,沿着冰川前缘堆起又吹散,吹散又堆起。从冰川南部望去,满目尽是没有树木、类似冻原的景观,蔓延数百英里。而再往南的大沙漠之所以存在,是因为世界太干燥了。甚至热带地区也受到了破坏。亚马孙雨林消失了,取而代之的是一望无垠的热带稀树草原,上面星星点点分布着一丛丛灌木。

尽管冰期令地球发生了沧桑巨变,但在19世纪以前,科学界对冰期的存在还一无所知。博物学家阿加西斯(Louis Agassiz)是最早认识到这点的人之一:地球上的许多地形特征只能被解释为近古大陆冰层覆盖的产物。横贯平原的漂砾和山脊,远离其他岩石露头*的孤立漂砾,不复存在的巨大河流的古老河道,以及深深的湖泊盆地,只有在北欧和北美大部分地区被冰层覆盖的情况下,这些地形的存在才能得到解释。

---

*指地球表面突出可见的岩床或表面沉积物。——译者

　　而更令人惊讶的是，最近的一项发现表明，这片大陆上的冰层覆盖并不仅仅发生过一次，而是反复发生。利用海洋浮游生物记录中的氧同位素，辅以20世纪50—60年代发明的可靠的放射性定年法，人们填补了冰川作用的时间。这些并不是发生在以千万年计的远古时代，而是只需追溯200万至几万年，比我们想象中要近得多的事件。

　　为什么地球会经历这些剧烈而灾难性的降温事件？这些冰期是3亿年大冰期*中的第一波，它们是由于大气二氧化碳的长期减少而发生的，正如我们所看到的，这种减少是由生命造成的。在更新世冰期，地球的生产力和生物量一落千丈。

·　·　·

　　这些过去的事件无疑是毁灭全球生命的一系列清洗作为。但至少还有一件要加到名单上（最终被归咎于生命的古代事件一定会越来越多），那就是：反盖亚的重要角色正是人类。对于地球生物量的减少，我们难辞其咎，所以接下来我要用一整章专门讨论这个问题。

---

　　* 一般认为大冰期的出现周期是3亿年。最近一次大冰期始于200万年前。——译者

◈ 第六章

扮演"美狄亚"的人类

没必要坐等缓慢曲折的进化来帮我们适应正在被人类改变的气候和大气化学成分。

——沃尔克,

《盖亚的身体》(*Gaia's Body*),1998年

只要是个未来主义电影的发烧友,就能体会到我们人类有多十恶不赦。整个"末日后"电影流派——巅峰之作《银翼杀手》(*Blade Runner*),诸如《超世纪谍杀案》(*Soylent Green*)、《500年后》(*THX 1138*)、《疯狂的麦克斯》(*Mad Max*)系列、《孩子与狗》(*A Boy and His Dog*)、新旧两版的《人猿星球》(*Planet of the Apes*)等怀旧经典——都指向一个不仅仅是可怕,在大部分情况下还是死路一条的未来。从生产力的角度来看,这些未来看起来阴郁惨淡(对人类而言),并且就生物量而言绝对是大灭绝后的局面。无论是肮脏城市(《银翼杀手》《超世纪谍杀案》),还是沙漠景观(《疯狂的麦克斯》等众多影片),目之所及除了人类几乎没有其他生命。这与美狄亚式的结果完全一致:人类繁殖过多不仅会降低生物多样性,还会减少生物量。行星对万物漠然,而若对生物量采用客观衡量标准,那么总数是由一个还是数百万个物种构成无关紧要——重要的是底线。在下一章我们将看到,地球生物量的最高点出现在约

10亿年前——远早于寒武纪大爆发后出现的动物、复杂植物和高度的生物多样性。

人类是有行动力的原核生物

地球生命最基本的划分是在原核生物和真核生物之间。前者由两个不同的被称为"域"的分类组合构成——细菌和古菌，它们是形态相似的微生物，但在遗传学上截然不同，所以才界定了它们在这些高级分类阶元中的状态。第二大类是真核生物，与原核生物不同，它们体积更大，更重要的是，它们的遗传物质被包含在细胞内部一个封闭的细胞核中。真核生物还含有许多较小的膜性细胞器，如线粒体、核糖体和（植物中的）叶绿体，这些细胞器被解读为具有独立的原核起源，但通过最初的共生及之后的完全遗传强化，被较大的细胞纳入并遗传了下去。

正是真核生物最完美地进化成了多细胞生物。尽管有些原核生物也进化成了多细胞体，但它们的大小和内部结构都无法与真核生物相提并论。

原核和真核生物间的诸多根本差异中，有一个大体来说可被称为"行为"的差异。不是在个体间，而是进化方式上的差异。当面临致命的环境挑战时，原核生物的应对是努力改变它们的环境，还有它们自己。因为太多的原核生物都能通过自身排放来产生各种化学物质，所以比起改变自己，它们更多的是通过改变环境来克服当前的挑战。例如，如果遇到比适宜环境酸性强的介质，达尔文力会导致进化出更耐酸的微生物。但与此同时，微生物群也可能会分泌化学物质，提高它们所身处的溶液的碱性，从而降低酸度。

真核生物的反应则大不相同。面对挑战，它们发生了形态学意义上的改变。遇到上文的情况，它们不是去努力降低酸度，而是会进化出逃脱这个环境的方法,或是在被酸性介质包围时产生一个更具有保护作用的细胞壁。真核生物正是通过形态学的改变而进化的。原核生物就不会这样做,无论面临怎样的挑战,它们始终保持三种形态之一——杆状、球状或螺旋状。但它们内部的化学系统在快速进化。

原核生物和真核生物还有另一个区别。就影响地球的重要环境变化而言,原核生物在大多数情况下都是赢家。正是微生物把早期由氮气和二氧化碳构成的地球大气变成了富含甲烷的大气,然后又把它变成了富含氧气的大气。微生物的后续活动在所有的地球化学循环中都有着重要的作用,而温室气体中的扰动也受到微生物活动的强烈影响,导致全球温度的巨大波动。与之相反,真核生物对地球的影响则没那么显著。这些影响中最重要的是来自植物,特别是有根植物,它们改变风化速率,从而影响着地球的硅-碳酸盐温控器。

这种进化风格上的分歧在很长一段时间内始终如一。然而,有一个真核生物物种第一次开始表现得更像微生物——我们。在人类早期历史上,这类例子有很多,但多半粗略。面对寒冷,我们不会像微生物那样让世界变暖(虽然我们现在做得到,但毕竟还没有去做),我们的应对是穿上衣服。解决热量问题更加困难,在技术上也更具挑战性,但即便是这样的问题,我们也已通过用空调降低周围的实际温度而将之解决。

由于周围环境的变化对我们的挑战越来越大,我们要坚持的正是这种原核生存方式。已经有许多人正在考虑移民火星——以及如何将火星"地球化"而最终让人类能在那里生活。这些都是非常"原核"的。

不过,尽管这种工程的方法效仿了改善环境的积极方式,但不幸的是,我们在某些方面也效仿了原核生物——以人均而言,我们对周围环境的改变比任何其他真核生物都要大。许多微生物的副产物对其他生物,甚至对微生物本身都是剧毒的。微生物数量增长失控所产生的甲烷、乙醇、硫化氢,甚至热量,不仅会杀死其他生物,也会杀死微生物自己。人类产生的大批有毒废弃物,从过多的二氧化碳到过多的钚废料,即使在过去的大部分微生物活动中,也前所未有。

让我们来看看人类展现的其他美狄亚特性吧。

人口数量

200多年前,英国科学家马尔萨斯(Thomas Malthus)描述了人口增长中最棘手的一个问题。我们的人口数量呈指数增长,同时,人类的食物供应却只趋于线性增长,这还是在已经有更多土地被专用于农业的情况下。无法回避的结论是,人口数量总有一天会超出粮食的可供应量。与此类似的是,新鲜、洁净的水供应也很可能会跟不上人口数量的增长。

一万年前,可能最多只有200万—300万人分散在全球各地。没有城市,没有人口密集的中心;人类还是数量稀少的动物,生活在部落、游牧民族中,或者充其量在没有什么持久建筑的定居点中。当时全球的人口都比不上现在美国任何一个大城市的人口。2000年前,这个数字增长了近100倍,达到1.3亿,或者可能多达2亿。1800年人口达到10亿大关,1930年为20亿,1950年25亿,1995年57亿,2000年约65亿。按照这样的增长速度,假设年增长率为1.6%,那么在2050—2100年之间,人口数量预计将超过100亿。虽然这一增长率与20世纪60年代的2.1%相比有所下降,但仍然是一个难以置信的数字。1992年,联合国发表了一项具有里程碑意义的研究,计算了潜在的人口趋势,得出了几个估计值。如果人类生育率从现在的每个女性生育3.3个孩子降至2.5个,到2150年,人口将达到120亿。但是,如果世界上人口增长较快地区的人口继续增加并还保持其目前的生育率,则全球的平均生育率将增加到每个女性生育5.7个孩子,那么到2100—2200年间,人口就可能会突破1000亿大关。这后一个数字似乎超出了地球的承载力。联合国正式使用了对2150年的三个估计值：43亿的低估计值、115亿的中估计值和280亿的高估计值。

由于涉及许多变量，预测未来人口数量是一项艰巨的工作。近期的权威著作是科恩(Joel Cohen)于1995年出版的《地球能养活多少人？》(*How Many People Can the Earth Support?*)一书。科恩的结论很直接(Cohen, 1995, pp. 367, 369)：

> ……必须认真考虑这样一种可能——如果我们和子孙后代还以随心所欲的方式生活，那么人口数量就已达到(或将在50年内达到)地球所能支持的最大数量了……满足人类需求的努力需要时间，而所需时间可能比个人有限的可用时间更长。这是一场不断增加的人类数量所产生的问题的复杂性与人类理解并解决这些问题的能力之间的竞赛。

人类的食物主要依赖于以禾本科为主的少数几种主要作物和几种家畜，这一体系建立至今，已经几乎一成不变地维系了300—400代人。

人类引发的生物量减少

3亿多年前，森林成了这个星球的一部分，尽管在这漫长的岁月里物种的类型已发生了变化，但森林的变化微乎其微。在人类存在于这星球的短暂历史中，我们总认为森林是无穷无尽的，确实，对大部分生命而言，森林就是无穷尽的。

森林是这个星球上巨大的物种方舟。虽然地球的陆地表面只有海洋的三分之一，但地球上80%—90%的生物多样性都是在陆地上发现的，其中大部分存在于热带森林。随着我们破坏了这些森林，我们也毁灭了物种。20世纪90年代末，植物学家雷文（Peter Raven）估计，有600万—700万个物种生活在热带雨林里，其中只有5%为科学界所知。因为我们对到底有多少物种存在的认知少得可怜，几乎不可能得出确切数字来说明在过去一个世纪里、过去10年间、未来10年间，或者下一个世纪里，究竟有多少物种灭绝了。

看起来是有几个作用力导致了生物多样性的减少，或者说得直白一些，是生物多样性的**破坏**。人口的巨大增量彻底改变了地球问题的性质，毋庸赘言，我们星球的环境现在所承受的压力与过去任何时候都完全不同。

不仅地球上的人口数量发生了变化，人口分布也在变化。1950年，约三分之一的人口居住在美其名曰"工业化"或"发达"的县里。1995年，这一数字降至约五分之一，到2020年应该会降至约六分之一。美国人口约占世界总人口的4.5%。然而，美国人却极具代表性——如果不是在数量上，那就至少是在对全球的影响上。例如，雷文估计，居住在美国的人类产生的污染占世界总污染量的25%—30%。目前，美国控制着全球经济的20%。在地球上发现的3000个文化和语言截然不同的人类群体中，自称"美国人"的人是最富有的，也是有史以来最富有的。其结果之一是，美国消耗的地球资源比其他任何国家都要多。迄今为止，美国的人均耗能居于首位——为什么不呢？自1945年以来（直到2008年油价大幅上涨），美国的汽油成本经调整后下降了33%。

许多工业化是以牺牲森林为代价的。森林转换，即先将森林变为农田，然后通常在一代之内又变成过度放牧、被侵蚀和贫瘠的土地，可能是生物多样性丧失的最直接原因。据我的同事蒙哥马利（David Montgomery）的研究，自1945年以来，世界上25%的表土已经流失。所谓"流失"，蒙哥马利指的是它从地表被剥离，并重新沉积在海洋或沙漠中。而据戴蒙德等生物学家的研究，世界上大约三分之一的森林在同一时期消失了,而40%的植物产物(以光合作用生产力来衡量)现正以某种方式被人类利用,如成为食物、木材或牧场。这样的数字应该会引发恐慌,而在某些情况下,它们就是用来引发恐慌的。这些数字可能过高(也可能过低),因此如果有怀疑论者要求更合理地解释这些损失,这将有所助益,正如隆伯格(Bjorn Lomborg)在2001年所著的《持疑的环保主义者》(*The Skeptical Environmentalist*)一书中所述。但是,有一些损失是确实存在的,而且是重大损失,美国西部的几个州一度也被森林覆盖,而现在,任何从它们上空飞过的人都目睹了它们如今的惨状。

这其中美狄亚的一面是森林消失导致了行星生物量的净减少。所谓森林消失,指的是森林先被农田所取代,然后一旦土壤表层被侵蚀殆尽,又时常会被岩石取代。热带雨林可能是地球上单位面积整体生物量最高的地区,它们的生产力自然也是最高的。绝大多数海洋虽然就体积而言比陆地大得多,但基本没有生命,所以陆地才是大多数生物量的归属地。

总之,人类清楚地显现出了美狄亚式的特征。(而且说起来,他们怎么不能这么做呢?美狄亚本来就是人类之一员,是伊阿宋的妻子,也是杀害自己孩子的凶手。)咳,严肃点来说,我们人类减少行星生物量的方式确实完全符合美狄亚假说,与盖亚假说却并不一致。

◆ 第七章

以随时间变化的生物量作为检验

我们在地球上的处境是奇怪的。

——爱因斯坦（Albert Einstein）

美狄亚假说支持的观点是：生命会减少更多生命的机会。因此，生物量最终会随时间推移而减少，事实上现在就是如此，本章会讲述这点。我们将着眼于判断行星生物"成功"与否的两种不同方式——通过随时间变化的多样性和生物量。现在就从生物多样性开始。物种随时间的变化是否遵循美狄亚假说所预测的模式，还是有其他途径呢？

生物多样性的历史是否更支持某一个假说呢？

动物和高等植物多样性

生物多样性的历史——随时间变化的多样性和生物量的汇集和测量——第一次得到重视是在菲利普斯（John Phillips）的著作中。菲利普斯的成就之一是引入了古生代、中生代和新生代的概念来细分地质年代尺度，他在1860年出版了不朽著作，认为以往的几次重要的大灭绝可用来细分地质年代，因为每一次这样的事件后都会出现一个新的动物群,化石记录也确认了这点。但在认识到以往大灭绝的重要性并定义新的地质年代术语之外,菲利普斯所做的更多:他提出古代的多样性远低于现代,而且,除了在大灭绝期间和其后不久的时期内,生物多样性的增加是物种数大规模增加的表现之一。他构建的体系认识到了大灭绝减缓了物种多样性,但只是暂时的。

菲利普斯对多样性历史的看法是标新立异的。然而,一个世纪之后这个话题才再次受到科学界的关注。20世纪60年代末,古生物学家纽厄尔(Normal Newell)和瓦伦丁(James Valentine)重新开始重视这个问题:世界被动植物物种所占据,具体是什么时候、以何种速度发生的? 两人都想知道,在约5.4亿—5.2亿年前所谓寒武纪大爆发之后物种数量的迅速增加,以及随后的一个近乎稳定的状态,是不是才是多样化的真正模式。他们的论据依赖于被称为保存偏差的重要性。也许菲利普斯所看到的多样化随时间增加的模式,实际上只是经久的保存记录,而不是多样化的真正进化模式。根据这一论点,岩石越古老,里面的物种变化就会越少,所以抽样偏差才是菲利普斯看到的所谓多样化的真正原因。这一观点很快得到了古生物学家劳普的应和,他在一系列论文中侃侃而谈,认为科学家发现和命名的古老物种与真实状况间存在强烈偏差,因为古老岩石经历了再结晶、埋藏和变质作用等更多变化。如此一来,整个区域或生物地理区都不再遵循时间规律(因此减少了古老岩石的记录),只能找到比较多的年轻岩石。

20世纪下半叶的大部分时间里,古生物学研究主要围绕着这个辩论展开:多样性是否随时间推移而迅速增加,或者多样性是否在早期就达到了很高的水平并就此几乎保持稳定。20世纪70年代,芝加哥大学的塞普科斯基(John Sepkoski)(及其同事和学生)开始收集源于已发表的关于化石出现和消失的记录的海量数据集。这些汇集了海洋无脊椎动物记录的数据,以及其他关于陆生植物和脊椎动物的数据集,似乎证实了菲利普斯的早期观点。值得一提的是，塞普科斯基发现的曲线图，显示了一个相当惊人的记录；不同的生物组合产生了三个主要的多样化脉冲。第一次出现在寒武纪（所谓的寒武纪动物群是由三叶虫、腕足动物和其他古无脊椎动物组成的），第二次出现在接下来的奥陶纪。奥陶纪往后的整个古生代都处在近于稳定的状态（古生代动物群由造礁珊瑚、有铰腕足动物、头足类和古棘皮动物组成），但中生代开始物种数量猛增，并达到顶峰。然后，多样性分化在新生代迅速加速，产生了今天世界上所见的高度多样性。现代动物群的进化也发生在这个时期——腹足类及双壳类软体动物，大多数脊椎动物和海胆类，以及其他类群。

对过去5亿年生物多样性的纵览与菲利普斯1860年的观点相同——现在地球上的物种比过去任何时候都要多。更令人宽慰的是，生物多样性的发展轨迹似乎表明，多样性增加的引擎，即产生新物种的过程，正处于高速运转之中，这昭示着地球在未来将继续拥有更多物种。虽然是在完全没有行星生物学背景观察的时代，但这些发现绝不意味着地球处在行星老年期。总而言之，从菲利普斯的时代和研究直到塞普科斯基的，这个长达130年的信念——现在的物种比过去任何时候都多——仍是个令人宽慰的观点。这一薪火相传的科学信念向许多人表明，我们正处于生物时代的最佳时期（至少就全球生物多样性而言），并且完全有理由相信，更美好的时代、一个更加多样化和高生产力的世界仍在前方。

虽然塞普科斯基的研究展示了一个世界，在这个世界里，飞涨的多样性是从中生代晚期贯穿到现代的一个标志，但人们仍执着于解决早期研究者描述过的切实存在的抽样偏差，并进行了一系列多样性的独立检验。最受关注的是一个被戏称为"全新世的牵引"（the pull of the recent）的现象——塞普科斯基使用的方法学低估了远古时期的多样性，造成越近的时代有更多物种的表象。由于这一切实存在的问题，人们设计了新的测试方法来检验随时间变化的生物多样性。21世纪初，由马歇尔（Charles Marshall）和阿尔罗伊（John Alroy）领导的大型团队重新研究了这个问题。这个团队根据实际的博物馆藏品建立了一个更全面的数据库，取代了塞普科斯基简单地将科学文献中记录的古地质年代给定时间段中的物种数量制成表格的方法。令人大感意外的是，这项努力的最初结果与人们长期接受的观点截然不同。

马歇尔-阿尔罗伊研究小组的分析发现，**古生代的生物多样性与中新生代基本相同**。在这项新研究中，由于生物多样性随时间增加而一直被视作理所当然的物种暴涨并不明显。个中含义显而易见：我们可能在数亿年前就已经达到了稳定的多样性状态。正如我们稍后会看到的，这一新的发现可能与天体生物学家弗兰克及其同事关于随时间变化的生命丰度（而非多样性）的重要新工作相一致。

物种多样性也许在动物历史的早期就达到了顶峰，与菲利普斯时代以来的所有观点（在马歇尔-阿尔罗伊的研究之前）形成鲜明对比的是，多样性此后一直保持着近似稳定的状态，或者可能已经在下降。虽然许多新的变革（如使陆生动植物发生进化的适应）必然能令地球生物多样性总量中增加许多新物种，但直到古生代晚期，地球上的物种数量可能是近乎恒定的。这对我们的论点至关重要：也许在我们的星球上，生物多样性总量并未在持续增加，而是已经攀至顶点，并正在下滑，就像弗兰克研究小组及其他人的各类模型显示的，全球生产力可能数亿年前就已到了顶峰，最美好的时光已然一去不返。这一发现与美狄亚假说的预测相一致，并与盖亚假说的预测不一致。这也是我反对盖亚假说的又一个原因。

微生物多样性

上述的化石记录和方法对某一群生物则束手无策，因为它的成员很少留下能被用于物种鉴定的化石，这群生物就是微生物，比如细菌和古菌。这两组微生物物种的数量是否与留下遗体化石的生物数量呈相同趋势？我们并无数据。可我们的确知道，过去微生物的种类比现在要多，事实摆在眼前，在动物之前地球上最丰富的生命就是微生物。而基于这点，大部分微生物学家都推断，过去的微生物物种数和丰度也远超过今天。它们的数量之多，反使地球上的动植物"巨人"的微小趋势在它们面前相形见绌。

行星生物量——捉摸不定的证据

迄今为止的所有研究都将多样性等同于某种"成功"。然而，在客观地衡量"成功"方面，还有第二种与生命相关的测量方式也许比多样性重要得多，那就是丰度。正如第二章所言，生物量和生产力是衡量地球生物数量的两种方式——前者是所有生命物质的总质量，后者是无机碳（以二氧化碳这种氧化碳化合物的形式）变为有机碳（被还原的多碳长链分子）的转换速率。那么，随时间推移，生物量的历史是怎样的呢？而这个度量标准是支持还是否定美狄亚假说呢？

我们没有直接的方法来测量过去的生物量，只能靠建模。尽管建模者和统计学家是世界上最讨厌的两种人，但我们也有理由对几个独立研究小组构建的一系列模型报以信心，每个研究小组都尝试着解答古代生物量是什么样的以及未来生物量会如何。结果，每一组的工作都能用相同的模型解决。让我们来详细看看这一系列工作。

地球上的生物量应该与几个因子有关，其中任何一个都是限制因子。第一个是能量，第二个是营养，第三个是温度。能量最终来自太阳。自地球形成以来，太阳的能量输出增加了约三分之一。我们因而猜想，在一个不受温度和营养限制的完美世界里，地球的生物量应该大致随时间增加。但我们生活的世界并不完美，这也正是达尔文进化论的由来。首批生命提取能量的效率肯定不如现生生命。即使在微生物水平上,现生生物也有许多方法可以利用来自太阳的能量,但都与氧还原梯度有关,换言之,能量获取涉及一些化学变化:摄取化合物,将其氧化,然后从这一变化中获取能量。而早期生命的能量通道的数量无论有多少,都应该是无氧的。这些生物体并不利用氧气进行代谢,而且在许多情况下,哪怕只是溶于水中或分布于大气中的少量氧气,也会对其造成毒害。它们利用能量的无氧方法之一是甲烷营养——摄取化合物甲烷[据卡斯汀和卡特林(David Catling)的新研究,这可能是最早的地球大气层的主要成分之一],并利用这些能量通过甲烷驱动的代谢来运行生命机制。另一个过程则是发酵,它包括作为副产品的乙醇的形成,并且同样是在缺氧情况下进行。但正是随着氧化机制的进化,特别是在进化出释氧的光合作用之后,才有了最重要的能量获取方式。卡特林提出,全宇宙的生命都应遵循类似的路径,有一个氧化代谢的最终状态,理由很简单,基于宇宙的物理和化学状态,对生命而言没有比氧依赖系统更好的获取能量的方式了,没有哪个过程能有这么大的能量产出。

那么,随着这个进化过程发生,生物量会受到怎样的影响呢?假设生命会增长到需要利用所有资源的程度(正如我们已知的达尔文式的生命的特性之一),通过正在进化的代谢途径获取能量的连续增长应该会产出越来越高的行星生物量。

生物量的第二个需求是营养。我们动物最终都是从植物中获得能量。无论是吃其他植食动物,还是直接吃植物,归根结底我们都是依赖植物的食肉动物。但是植物本身呢?它们需要的也是三个限制性元素:碳、氮和磷。它们的碳来自大气中的二氧化碳。而我们从海洋浮游植物的命运或任何一座花园中就能知道,氮和磷,即所谓的植物肥料,也有重要影响。不过,在这三者中,是碳决定了地球生命的命运,而"碳循环"中最重要的变量是二氧化碳。

古地球的二氧化碳历史

在前文中，我们对过去5.5亿年间（动物时代）二氧化碳的历史作了概述，显示出尽管有一系列的波动，二氧化碳水平的总体趋势还是一直随时间下降。但为了了解生物量在更早的时间里是如何发生量变的，我们需要找出早期地球上（在动物和陆生植物出现之前的很长一段时间里）二氧化碳的值。最近，涉猎甚广的弗兰克就作出了这样的估计。这是个带有误差棒的曲线图，比我们在动物时代的曲线图的分辨率要低。例如，在二叠纪末期和三叠纪（以及其他时期）发生的二氧化碳短期上升并没有被这种方法注意到。这一长期曲线图如图7.1所示。

该图引人注目的一面是二氧化碳的长期下降趋势，降幅高达5个数量级。目前二氧化碳浓度是0.038%，而地球最初的二氧化碳浓度可

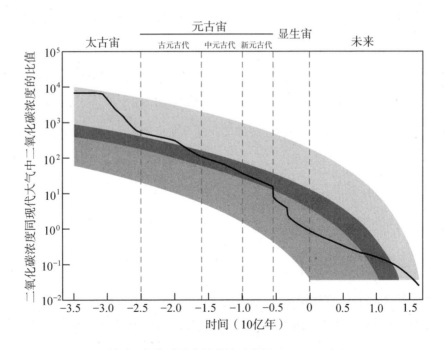

图7.1 地球二氧化碳历史的估计。(来源：Franck *et al.*，2006)

能高达现在的10 000倍。与现在不同的是,这意味着古代大气中一大重要组成——也许三分之一——是二氧化碳,这一含量可不是它现今在大气中的痕量。

地球的温度历史

决定生物生存力的另一个需要考虑的主要因素是温度。地球生命所必需的化学反应对温度也十分敏感。因为生命需要液态水,这就导致地球生命能生存的温度范围相当狭窄,下限就在0 ℃上下。但在极端情况下生物量很低,在20—70℃范围内的生物量则高得多。

全球温度的波动范围有多大? 全球恒温器是何时开始生效的? 地球的温度历史并不容易研究。没有直接的"古温度计"可以给出任何给定时间的全球平均温度。虽然有一些从灭绝生物上测量古代温度的方式,比如研究记录在沉积岩中的氧的同位素比,但这些记录是个别地区的而非将地球作为一个整体,而且主要适用于过去1亿年的地球历史。因此,推断古代的温度依赖于地质学和古生物学记录的间接证据。在这些线索中,有一些特定沉积岩的存在表明了古代的气候(例如,被称为蒸发岩的沉积岩,如古代的盐类矿床,指示了高温;冰川沉积物则告诉我们古代的寒冷)。化石也很重要,因为特定类型的生物在解释古代气候时通常很有用。土壤类型的化石也同样有用,因为土壤对气候高度敏感。

利用这些方法,古气候学家已经就过去5.42亿年得出了一个公认的记录,这段时间也是有着大量骨骼化石的年代。这一时间段由古生代、中生代和新生代组成,比起现在约15℃的平均温度,时热时冷。但温度变化并不大——在这历史长卷中,任何时候温度上下变化幅度都不超过10℃。因此,地球可能热的时候有25℃,冷的时候则是5℃。这两种极端都不会危及地球上动植物的持续生存。

虽然5亿年确实是一个巨大的时间跨度，但实际上它只代表了地球历史的最近10%。剩下的90%的时间，我们必须依靠推理。

关于5亿年前地球温度记录的首篇综述发表于20世纪80年代初。记录表明，全球气温有过一个相对快速的降温，从38亿年前的约80℃（或更高），降至30亿年前的约40℃（或更低），再到20亿年前的不到20℃，此后全球气温再未超过30℃。这个阐述意味着，温度与约30亿年前开始的生命进化没什么关系。然而，这个观点已不再被普遍接受。早在骨骼动物出现之前，就有一系列原始燧石已经沉积生成，而源自这些燧石的一系列氧同位素记录给了我们另一个大相径庭的故事：30亿年前全球温度超过70℃，20亿年前是60℃，10亿—5亿年前约

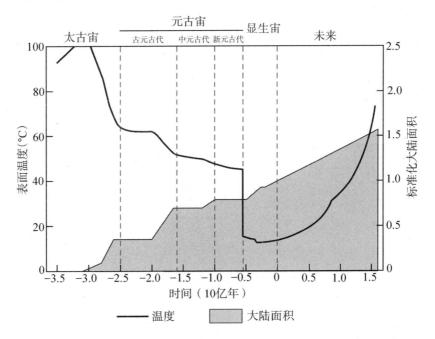

图7.2 过去、现在和将来的地球温度。该图在第五章曾出现过。此处再次引用是因为它在估计未来生物量上的重要性。（来源：Franck *et al.*, 2006）

40℃。这个新的记录如图7.2所示,是来自弗兰克研究小组的图表。

生物量估计

牢牢掌握二氧化碳和温度的估计值(以及其他参数,如大陆增长速率),就有可能为过去(和未来)的生物量建模。本章强调过去的生物量,而下一章将着眼于未来的生物量。不过,两者在图7.3中都有体现。众多科学家小组参与构建了这类地球模型。迄今为止,最精密复杂的结果是由波茨坦大学弗兰克的研究小组得出的,并已为这类模型更新了数代版本。他们从2000年和2002年发布的模型中得到的早期结果如图7.3所示。

使用不同的初始温度和二氧化碳条件,以及对大陆面积及其随时间增长的估计,他们得出了不同的结果。而结果出人意料又似曾相识:生物量很可能在遥远的过去就已达到峰值——根据一些模型,可能在5

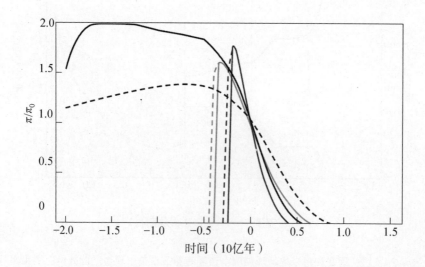

图7.3 全球生物量的各种估计[横轴相对于时间绘制,左边的负值表示过去,0表示现在,右边的正值表示未来;纵轴表示过去和未来的标准化生物生产力(或生物量)的变化]。(来源:Franck *et al.*,2000, 2002)

亿年前,甚至更早。所有估计中,只有一个把最大生物量放在了我们这个时代"附近",但即便如此,它似乎显示的也是一个几亿年前的峰值。合并了所有的曲线后得到的第二个结果是生物量目前正在下降,而且每种情况都表明其将在未来5亿—10亿年内达到0。有两件事被认为是造成这种现象的原因,一是二氧化碳浓度下降,二是动物的出现,若是如此,这就是一个非常美狄亚的结果。但最耐人寻味的一点可能是,图7.3所示的图表似乎表明,多样性和生产力(或生物量)基本上是彼此独立的。

警告:这些模型的潜在问题

推断温度和二氧化碳浓度的模型至少给了我们对趋势的合理估计。但对生物量的估计,它们实际上可能错得离谱。如图7.3所示,它们表明地球上的生物量也许在动物进化之**前**就已达到峰值,峰值出现在海洋或淡水中多细胞藻类的早期进化期间。然而,这些模型是由喜欢数字游戏的人而不是生物学家计算出来的。它们有生物学上的真实性吗？在审阅本书先前的书稿时,宾夕法尼亚州立大学的孔普质疑了这些模型的结果(未发表)。他指出:

在这些模型中有三个需要质疑的假设:(1)碳在所有生物量库(原核生物、真核生物和复杂多细胞生物)中的滞留时间是相同的;(2)它忽略了这些生物量库之间的相互作用,如产生的微生物和真核生物之间,又如真核生物为原核生物提供了额外的食物;(3)它假定碳(以大气二氧化碳的形式)限制了生产力,**而事实上,即使在今天,限制全球生产力的最终可能还是营养和供水,而不是碳。**每一年树木都会通过吸收二氧化碳降低其浓度,然后在秋季和冬季将之释放。它们只将二氧化碳浓度降低了百万分之几的原因可能是因为生长受到空间、营养和水的限制,而不是受到二氧化碳的限制。这是植物有史以来遇到的最严重的二氧化碳"饥饿"了。

孔普还说(未发表):

> 要说些什么的话,我的结论是,近代的生物量远远**超过**了地球历史早期的生物量。如今,地球上至少一半的生物量是真核生物,主要是树木。我还猜想,原核生物的生物量也许和真核生物的一样大,之所以如此之大,是因为原核生物-真核生物的联合世界维持了高生产率。换句话说,真核生物的进化增加了全球生物量,而且,也许通过为原核异养生物提供了充足的食物来源,使全球生物量至少翻了一番。

这些是批判性的观点。最重要的是要知道多细胞生物的加入是否增加了地球的生物量,而从表面上看,怎么可能没有呢?只要看看土壤和森林落叶层中生命的生物量就能很好地意识到这一点,因为在常见的陆生植物出现之前,这个储藏库尚不存在。在寒武纪,或通常是更早的时候,存在一种特殊的"扁卵石"砾岩,这表明在古生代早期陆生植物入侵之前,陆地表面几乎没有土壤,因为没有植物根系来帮助形成并稳定土壤。

最新一代模型

孔普提出的主要批判点之一是,微生物-多细胞生物联合世界应该比复杂性出现之前的原核生物世界拥有更高的生物量。确实,2000年和2002年的模型似乎并未显示出这一点。然而,弗兰克研究小组于2006年发表的一项新研究得出的估计看起来与孔普的批评相一致,但也略有不同。这些新的结果如图7.4所示，我又添加了温度图表，因为它为某些趋势出现的原因提供了证据。

这些新的研究结果表明，随着进化突破的累加，生物量确实出现了跳跃式增长，并且也阐明了氧气增长的"濒死"（因而是非常美狄亚式的）效应，因为氧气在约30亿年前成为真核生物代谢的基础之前，它就是一种全球性的有毒物质。但这张图最异乎寻常的方面是，在真核生物适时出现后生物量的下降速度之快。没错，随着寒武纪大爆发，生物量确实激增，但因为植物增加了风化速率，加快了硅酸盐风化作用从而显著降低了二氧化碳浓度，所以不久之后温度剧降，并导致了大灭绝和生物量减少。这就是一种美狄亚效应。

前寒武纪晚期的生物量——不同的世界生态系统？

生物量峰值随动物的兴起而出现。但与此同时，图7.4表明了微生物数量也在变多。这种情况是如何出现的？地球历史兴许能为此提供一条线索。它以迂回的方式出现。

毋庸置疑，寒武纪大爆发中最引发好奇的化石是奇特的埃迪卡拉化石，其名得自它们在澳大利亚的第一个复原地。长期以来，关于它们的生物学亲缘关系一直存在争议：它们是属于现存门的早期动物（最初的解释），还是现已灭绝的门的动物，或者甚至根本不是动物，而可能是某种真菌？情感上我们倾向于最初的解释，即它们是早期动物，可能是某种刺胞动物（现今的珊瑚、海葵和水母）。但也许最令人好奇的不是它们的亲缘关系，而是它们是如何被保存下来的：人们在砂岩中发现了它们。这种精细的保存通常只在细粒页岩中发现，而不是砂岩，因为流沙不会长久地保存化石的痕迹。那么埃迪卡拉化石是如何被保存下来的呢？

早先在弗赖迪港的实验室里上课时，我曾给学生们布置了一项任

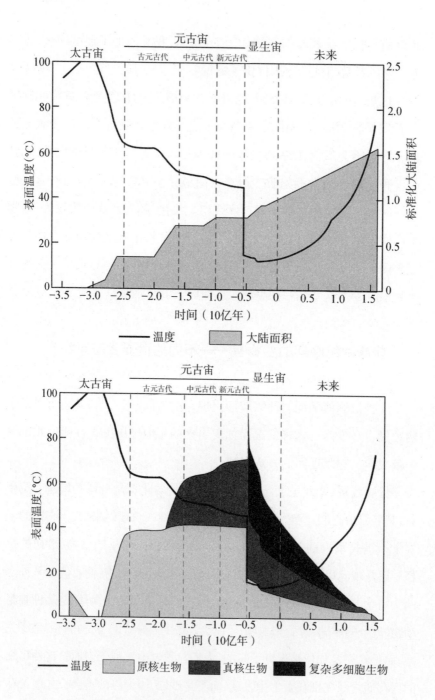

图7.4 全球温度和生物量随时间变化的估计。(来源:Franck *et al.*, 2006)

务：再现埃迪卡拉化石。他们按时出去，采集了水母和海鳃（另一种刺胞动物，形似埃迪卡拉化石），然后在容器中填上某种沉积物，把这些尸体堆在上面，再盖上更多沙子。挥之不去的腐臭差点让我们夺门而出。两周后，我们费力地处理掉淤泥，在沙子里寻找化石印迹。一无所获。然而，我们之后把实验移到一块被置于砂质沉积物上的细尼龙网上，将生物体仔细地放在网上，最后再将沉积物倒在整个刺胞动物沉积物夹层上时，终于得到了相当精美的化石。

没有证据表明在前寒武纪晚期的海底有尼龙涂层。但可能有类似的东西——微生物垫（microbial mats）形成的膜。这种微生物垫在今天很少见，因为它们很容易被吃掉而不复存在。但就在动物大肆觅食之前，也许每片海底都覆盖着微生物，可能在静水水域附近的大片陆地上也有。如果海底被微生物所覆盖，那在海底以下的地层中就会有更多的微生物群落。那么情况就是：当时的生物量要高于现今动物和高等植物主宰的世界。但是，孔普并不这么认为，我也不。然而我确实相信，当世界变暖时，生物量会变高，原因很简单，你看热带海洋和陆地地区的生物量有那么高。在这种情况下，很容易就可以想象古生代早期有着更高的生物量，也许还会持续增加，直到新生代出现重大的降温趋势，导致中新世全球气温骤降。可以想见，随着森林的进化以及木材分解者的进化，生物量会达到最高水平，因此每个季节都会有大量的磷氮营养物质进入海洋，使得浮游植物愈发繁盛。如果这情况是正确的，它可能会导致生物量在泥盆纪达到峰值。但是，正如我们所看到的，毁灭性的大灭绝使生物量保持在了比原先低的水平。

从白垩纪到始新世末期，即6000万—5000万年前，地球一直处于暖和的温室中。始新世是最后一个全球被森林覆盖的时代，高纬度地区没有冰，甚至还有棕榈树的存在。由二氧化碳减少而引起的长时间降温，无疑是大陆的上升以及白垩纪到始新世的陆缘海洋后撤而造成的。随着越来越多的陆地露出水面以及依旧较高的气温,化学风化的加速导致更多的二氧化碳从大气中被带走,并被封存在碳酸盐岩中。碳酸盐岩的迅速生成,是高度进化和高效产碳酸盐骨架生物的副产品,而这些生物中最重要的,是造礁生物和海洋中的钙质小型浮游生物,如颗石藻。古新世气温下降的这一情况就可被认为是美狄亚式的。

随着温度和二氧化碳浓度的降低,弗兰克模型预测了生物量的下降,这当然可以被承认,尽管是以定性的方式。

地球的生物圈正在"死去"吗?

我们已经调查了过去的生物量,并发现它随时间推移而减少。波茨坦的弗兰克研究小组是该领域的卓越先锋,他们惊人的新发现彻底颠覆了我们对地球的观念——地球不是一个生物多样性和生物量不断增加的地方,而是一个正在步入老年的星球,生物多样性和生物量正在变低。未来会如何?那是下一章的主题。

◇ 第八章

预测生物量的未来趋势

成为一个先辈是困难的事。*

——里德利（Matt Ridley），

《基因组》（*Genome*），1999 年

正如我们所看到的，生物量似乎高度依赖于大气二氧化碳含量和全球温度。影响大气二氧化碳含量的因素很多，但自植物进化以来，生物风化作用已成为最重要的因素之一。

随时间推移，太阳持续变热，导致全球变暖，也就意味着风化速率上升。地壳中硅酸盐岩石的风化速度越快，通过形成碳酸盐岩石的各种化学反应从大气中去除的二氧化碳就越多。这种持续的二氧化碳去除作用将抵消太阳引起的升温。但总有一天，大气二氧化碳将不足以进行光合作用。我们很清楚，这一灾难的到来之日，就是世界末日即将开场之时。对生物圈而言，正在发生的变化将是剧烈且具毁灭性的。让我们来看看预测生物量损失率的新模型。

---

　　* 摘自北京理工大学出版社 2003 年出版的《基因组——人种自传 23 章》，刘菁译。——译者

前瞻性的模型

研究二氧化碳和行星温度的所有先期模型都是回溯时间型的。而在20世纪80年代初,人们对影响大气二氧化碳的各种反馈系统有了新的认识,于是一个新想法横空出世:各种新模型不仅可用来推算过去的二氧化碳、气候和温度的估值,还可用来**展望**未来。这在上一章弗兰克研究小组的两个图表中都有所描述。通过将随时间变化的二氧化碳浓度、风化速率及大陆增长率同太阳能量收支随时间发生的已知变化结合在一起,就有可能利用数学模型和高速计算机预测未来温度和全球"生产力"(衡量给定时间内地球上有多少生命)。早期的结果之一是发现了生物圈的寿命(地球能支持任何形式的生命的时长)是有限的,而且可大致预测其寿命。大多数科学家——如果他们思考有关世界末日的问题——都假定将会是类似宇宙崩塌之类的事件导致末日来临,但即使是这些模型中最初期的一个也早已表明,给一个时代的生物(生物群)带去灭顶之灾的,是一些毫不起眼的东西——大气二氧化碳浓度的下降。

第二个意外是这个末日会来得非常快:我们知道的是,不断增加的太阳能量会导致在未来10亿—20亿年内行星温度的显著升高,但我们不知道,植物会这么快就陷入绝境(如果未来5亿年的时间能被称为"快"的话)。

这里使用的模型都需要有高速处理器的计算机。模型本身是一个"典型的地圈-生物圈模型",包含了我们在本书中始终强调的四个系统的值和描述符:地球岩石圈、水圈、大气圈和生物圈。模型整合了正在增加的太阳光度、硅酸盐岩石风化速率(第五章讨论过)、大陆地表面积和"全球能量平衡"(包括热散逸到外太空的速率)来估计土壤和大气中二氧化碳的含量、任一时间的全球平均表面温度以及过去或未来任意时刻的地球生物活性。

随着人们对各种相互作用的理解愈发深入，就愈发清楚它们也可以为未来提供预测模型。盖亚假说的原作者洛夫洛克就是作此努力的先头兵。在《自然》杂志上发表的一篇开创性的论文中，洛夫洛克和共同作者惠特菲尔德（M. Whitfield）提出了一个问题：生物还能在地球上存活多久？他们有预见性地指出，尽管二氧化碳过多是非常糟糕的，因为这会引发温室效应的增加乃至全球温度的升高。但二氧化碳过少同样是灾难性的，因为它是植物生长所必需的，而如果没有植物，地球生命的数量就会变得稀少。这篇论文催生了一个充满活力的新研究领域。

洛夫洛克和惠特菲尔德发表这篇文章时，沃克及其同事刚于1981年提出碳酸盐–硅酸盐反馈系统，当时这还鲜为人知，而且乏人认可。然而，洛夫洛克和惠特菲尔德已清楚地认识到，在未来，由于太阳变得愈加明亮，升高的太阳光度令地球逐渐变暖，硅酸盐岩石会更容易风化，从而导致大气二氧化碳减少。他们工作的天才之处在于能理解到，未来会有一个时期，那时二氧化碳水平会跌至低于植物光合作用所需的浓度。对大部分植物而言，这个浓度是0.015%（现今的二氧化碳浓度约为0.038%，由于人类的缘故还正在急速上升）。洛夫洛克和惠特菲尔德使用的模型同伯纳及其团队采用的类似，他们估计，我们所知的植物的末日将在约1亿年内到来。尽管这一数字看似庞大，但事实上，对于一颗其上的生命至少有35亿年历史的行星，以及有着诸如类藻生物卷曲藻（*Grypania*）等已存在了20多亿年的多细胞植物*而言，1亿年犹如白驹过隙。这个结果可谓骇人听闻。

---

*一般认为，卷曲藻是可见的最早的真核生物化石，但并未确认其为哪一类生物体。——译者

随着洛夫洛克和惠特菲尔德这篇开创性的论文发表，一批有先见之明的科学家接受了这个观点——复杂模型可用来为地球上的未来事件建模。宾夕法尼亚州立大学的卡尔代拉(Ken Caldeira)和卡斯汀的研究组就在其中，他们提高了假设和模型输入的复杂性。1992年，他们在《自然》杂志上发表了"重新审视生物圈的寿命"(The Life Span of the Biosphere Revisited)一文。文中，两人为所研究的各种参数添加了新的项和更合适的值，改进了洛夫洛克和惠特菲尔德的模型。他们指出：

> 生物圈寿命的问题不仅影响着我们星球的未来，还影响着在银河系邻域发现有生物活性的行星的可能性……随着太阳光度增加，硅酸盐岩石会更容易风化，从而降低地球大气中的二氧化碳。无论在将来还是过去，这一反馈机制都会倾向于将地球的温度缓冲到接近其当前值的水平。最终，二氧化碳浓度可能会变得非常低，以至于现存的巨型植物群将无法进行光合作用并从中获益，于是直接中断了生物圈的碳供应。几近于零的二氧化碳浓度将进一步阻碍二氧化碳调节的热缓冲。然后地球将会更快地变暖，而遗存生物群中的大部分可能会受到热障的压制而无法生存。最终，随着太阳继续变亮，地球表面的水由于光离解及氢逃逸而丧失。地表水的减损将毫无争议地为生物圈的寿命画上句点。(Caldeira and Kasting, 1992, pp.721)

除了精简洛夫洛克和惠特菲尔德的原始分析中使用的许多参数项，卡尔代拉和卡斯汀还指出了一个至关重要的疏漏：洛夫洛克和惠特菲尔德假设植物需要大气二氧化碳至少达到0.015%，这一数值确实符合绝大多数现生地球植物物种的情况，但卡尔代拉和卡斯汀特别提到还有第二大类植物，包括许多在中纬度地区极为常见的草本物种，它们使用着一种完全不同的光合作用形式，并且在低二氧化碳浓度（有时可低至0.001%）的情况下也能生存。这些植物的存续时间将比那些对二氧化碳"成瘾"的亲戚们长得多，而且即使在二氧化碳水平远低于当前值的世界里，它们也能大大延长生物圈的寿命。

纳入了新的运算和值之后，卡尔代拉和卡斯汀在论文的结论里列举了各种估计。他们的计算表明，二氧化碳0.015%的临界值会出现，但不是在洛夫洛克和惠特菲尔德预测的距今1亿年后，而是在远至5亿年后的未来，而且，有些利用低得多的二氧化碳浓度就能生存的植物，兴许在那之后还能再生存10亿年——总而言之，这是一个更具玫瑰色的愿景，或者至少是个玫瑰还能再盛开5亿年的世界。但卡尔代拉和卡斯汀提出的不仅仅是各种植物何时死亡的问题，他们还试图为未来的地球生命**数量**建模，至少使其能用一个被称为生物生产力的值来描述。生物生产力是指通过活细胞和蛋白质的形成，无机碳被转化为生物碳的速度。在这一点上，他们的结果相当令人震惊：计算表明，从现在开始，生产力将大幅下降。即使生命会存续下去，它在地球上的数量也会越来越少，不是10亿年后，也不是1亿年后，而是就从我们这个时代开始。我们将在下一章再重新讲述这一点的影响。

人们不断改进用来预测生物圈末日的模型，基于新近确认的风化速率和二氧化碳通量，不断发表更准确的估计值。1999年，弗兰克及其两位同事改进了卡尔代拉和卡斯汀的模型，并回顾了过去，同时展望了未来。这些结果表明，光合作用将在未来5亿—8亿年之间终结，而从现在起约10亿年后，地球温度将迅速提升，甚至超过水的沸点。

这篇论文绝没有一锤定音。此后，又出现了一些对模型稍作改进的论文，但它们在时间上似乎达成了一致——约5亿—15亿年后，就是我们所知的陆地生命在地球上的终结之时，这是二氧化碳"饥饿"和不断增加的热量共同作用的结果。让生物学家和行星地质学家关注的正是这个决定性的末日。但他们的所有图表都揭示了一个同样令人不安的发现：从我们这个时代开始，全球生产力将大幅下降，而且近3亿年来这一下降趋势可能已经开始了。所有这一切将导致一个非常不同的世界，一个生命持续降低自身生物量的世界。

2006年弗兰克等人的图表（图7.2）之所以令人意外，原因有二：首先，它表明地球的生产力正在迅速下降，而且这种下降已经持续了5亿年，如果这是正确的话（所有的分析都显示它是正确的），就表明地球生命进入老年期已经有一段时间了；其次，在未来10亿年内，生产力的值会达到0。这让我们对生物圈末日的倒计时有了个概念。

二氧化碳和植物的末日

前瞻性模型表明，地球植物时日有限。"植物将从我们的星球上消失"这一大胆预测是怎么产生的呢？研究不同种类的植物如何进行光合作用的植物学家给出了答案。要了解这个特别的世界末日——植物的末日，我们必须首先研究本书中我们现已熟悉的角色——大气二氧化碳——是如何影响光合作用的。

在获取细胞和原生质有机结构所必需的碳原子方面，植物与动物的差异最为显著。动物必须从先前合成的有机分子中获取碳（通过摄取植物或动物的肉），植物则利用二氧化碳分子中的碳，并将它们放进生命物质中。为了推动这种转化，植物需要利用阳光和光合作用这一众所周知的过程。

有几种产生光合作用的生物化学途径。最早的光合反应是在30多亿年前的蓝细菌中进化来的，效率自然不及后来进化形成的系统。在最近的地球历史上，高等植物谱系甚至发生了影响深远的进化。其中最重大的一次就发生在1000万—800万年前——禾本科和一种新型植物的进化，相对于更为常见的 C_3 植物，这种新型植物叫作 C_4 植物*，比起其祖先，C_4 植物可以生活在二氧化碳浓度更低的环境中。

新的光合作用途径的形成是一个确定的信号，表明大气二氧化碳的长期减少正在对生物圈产生深远的影响。在未来数亿年里，二氧化碳的长期持续减少应该会使全球植物区系产生决定性变化。虽然目前地球上大多数维管植物是 C_3 双子叶植物，但向 C_4 单子叶植物的转变应该会增加。这将如何影响全球植物区系的外貌呢？一个变化可能是高纬度地区的大片松杉林消失，由硬木组成的中纬度的阔叶林和热带雨林也消失。目前，C_4 植物主要是热带至中纬度地区的禾本科植物，一种可能是，这个世界从大面积被树木覆盖转变为完全被广袤草原覆盖。不过，这一可能性似乎离我们还很遥远。已经有取得了巨大成功的禾草类植物，如已经进化成树状的物种（棕榈树和各种各样快速生长的竹子就是例子）。然而，尽管看着利用低浓度二氧化碳生理机制的植物也可能进化成高大树木的形态，但我们现在的森林仍有很大可能会继续消失，而且不仅仅是由于众所周知的人类的砍伐树木和林业活动。

不断降低的温度确实减缓了生物生产力速率。森林被草原取代也是如此。虽然草原的生产力也不低，但远不如被它们所取代的森林。仅从这方面来看，生物量会在行星层面呈下降态势。此外，高纬度森林被冰帽取代，在亚洲和非洲形成了广袤的沙漠，从而导致生物量显著下降。这有力地支持了美狄亚假说。

我们无法预测在那个遥远年代存在的物种的确切身份。但我们猜想，如果真能自由地旅行到这个遥远未来的地球上，对这个星球上的绝大多数植物都会很眼熟。只有千方百计形成树叶并列阵（叶镶嵌），才

＊分子系统发育研究表明，禾本科可能是最早的 C_4 植物，大约出现在3400万—2400万年前。到了中新世末期，主要由 C_4 植物组成的草地遍布全球低纬度地区。——译者

能捕捉阳光。树木、灌木和草经过数百万年的进化锤炼,能够高效地进行光合作用。我们可以预测,森林和草原不会消失。尽管很多(兴许是所有)物种将会不同,但动物和植物的整体形状看着仍是大同小异,生态系统发挥作用的方式同今天类似环境下的也会非常相似:雨林还是雨林,草原还是草原。但模型告诉我们,到那时,地球上的生命将会变少,约5亿年后,一个主要的地球生理系统将会受到第一次重创。或早在5亿年之后,或大概迟至10亿年之后,大气二氧化碳浓度就会降至一个临界点,我们熟悉的植物将不复存在。

起初,这种逆转是潜移默化的。整个地球的植物将慢慢死去。但地球并不会马上就变成棕色。因为当一批植物死亡时,它们的位置将立即被另一群植物取代,而新的植物看起来可能与死亡的植物相差无几。然而,深入这两组植物的组织,就会发现光合作用的基本过程截然不同。而在这次逆转之后,地球生命将以一种可能与从前并无太大不同的方式存续下去。不管怎么说,至少能持续一段时间。

植物也有可能继续进化出其他光合作用途径,以弥补二氧化碳浓度的降低。在这种情况下,我们可以假想会有一些能在最低二氧化碳水平下生存的植物。然而,最终,即使是这些最后的坚持者也将灭绝。所有的模型都表明,二氧化碳的量将继续下降,最终达到0.001%的临界水平。

预计的发生时间是有争议的。早期的模型预测,对地球生命的致命打击——失去植物——将在短至1亿年内发生。而较复杂的模型将这一时间推后了一些,也许在超过5亿年后。有一个研究小组认为,由于生物增强了风化作用,直到约10亿年后,植物仍将有足够的二氧化碳。还有一些其他的研究小组甚至认为,二氧化碳浓度将逗留在临界水平,永远不会下滑到临界点之下,令地球上还能继续存在最少量的植被。不过,即使是在这种最好的情况下,依旧会产生一个与现在截然不同的世界,在这个世界里,地球上几乎没有高等生命。无论发生在何时,失去植物势必将对世界造成天翻地覆的变化。

看上去具有讽刺意味的是,植物开始死亡并没什么明显的原因。世界将不再是温室。尽管它肯定会比现在更热,但可能不会比约1亿年前的白垩纪更热。地球的其他方面看起来都将会很正常,但植物就是会开始死亡。

第一个步入死亡的将是那些使用C_3途径的植物。如果C_3和C_4植物物种还保持目前的形态,世界将经历一场彻底的毁林事件,最后留下的主要是草原和适应高热和低湿度的物种,如仙人掌及其同类。二氧化碳的减少将会持续数亿年,我们可以预期,对这一新环境的进化适应将会激发进化过程以进化形成全新类型的植物来应对二氧化碳的减少。但也许不会这样。有可能直到C_3植物不再能存活时,它们还是C_3植物,并不发生变化,这将导致地球上的第一波森林大清洗。在这第一轮"低碳酸血症"开始清除植物时,可能已经有了一个使用C_4途径的全球植物群。

二氧化碳浓度降低不仅会对陆地植物群造成伤害,大型海洋植物,或许还有浮游生物也会受到类似影响。因此,海洋群落将受到强烈影响,因为大多数此类群落的根基是浮游植物(一种浮于海中的单细胞植物)。二氧化碳的减少将直接影响到它们及陆生植物。不过,即使不考虑二氧化碳对海洋植物量的影响,陆生植物的消失也将导致海洋浮游生物的生物量急剧减少。海洋浮游植物在大多数海洋环境中能吸收的营养极为有限。每一季,硝酸盐和磷酸盐流入海洋,使浮游植物大量繁殖。但磷酸盐和硝酸盐的来源是腐烂的陆生植被,它们通过河流径流从陆地被带入海洋。由于陆生植物量减少,营养物质的量也会减少。海洋会因营养匮乏而使浮游生物的量灾难性地减少。这种下降永远也无法逆转,因为即使陆生植物如前所述会在较低水平时发生反弹,在不存在二氧化碳匮乏时的世界(如我们的这个世界)所拥有的巨大的物质量,它们也已永远无法企及。

在陆地上和海洋中,现今形成的食物链基础将会消失。从一个被植物覆盖的行星到一个表面光秃秃的行星,这种转变的效果将是戏剧性的。对曾在植物时代生活过的人而言,我们的世界将面目全非。失去植物所带来的变化将影响和改变地球的四个系统:首当其冲是生物圈,接着还有水圈、大气圈,甚至是岩石圈。对地球的各个系统而言,哪怕有一个细小环节受到破坏,也是牵一发而动全身,甚至在某些情况下,比如生物圈,将最终被这种扰动摧毁。

植物的消失将突然导致全球生产力(一个地球生命数量的度量)大幅下降。但下降多少呢?尽管多细胞植物的消失将是灾难性的,但仍然会有生命存在,而且数量众多。因为陆生植物虽然会灭绝,但能进行光合作用的生物不会。仍然会有大量的细菌,如蓝细菌(或称蓝绿藻)将继续兴盛,因为这些顽强的单细胞生物在低于维持多细胞植物生存所必需的二氧化碳水平时仍可存活。

全球生产力中有多少同绿色植物息息相关?纵览地球上的大多数栖息地,从青草苔藓到高大树木,俯仰入眼皆是绿色植物,植物的消失就意味着大多数生产力将会终结,但更均衡的观点是,由于细菌的缘故,仍会有大量生产力存在。

陆地上的多细胞绿色植物构成了陆地生产力的主体,而海洋中的单细胞绿藻提供了大部分海洋生产力。但是在这两个地方都有光合细菌,还有能固碳的生活在土壤甚至是坚硬岩石中的细菌,这类细菌具有未知的但可能巨大的生物量。单单细菌和古菌等微生物的生产力估计就可能占到地球全部生产力的一半。

如此大幅度地削减世界生产力将会影响到地球上所有从细菌到动物的其他生命,而且毫无疑问,地球生命将会变得更加稀少。落叶将不再产生大量的还原性碳,使还原性碳无法进入土壤、海洋和沉积岩记录。煤和石油将不再生成。碳、氮和磷的循环将被彻底改变。春天浮游生物的水华也将不再有。随着陆生植物的消失,土壤会被侵蚀,只剩裸露在外的岩石。这又会反过来扰乱水循环,甚至扰乱地球上的自由化途径。碳将在各种陆地、海洋和沉积记录储藏库之间发生巨大的转移。

植物的消失将极大地影响地貌和地表性质。随着根系的消失,表层变得不那么稳定,河流的本质将发生变化。现代大型曲流河的历史最多可追溯到约4亿年前的志留纪,那时陆生植物第一次移植到了地表,它们用根系的稳定性来维持曲流河道的河岸。而当植物灭绝,或因坡度、土壤或其他不适当的环境条件而导致植物缺位时,就会出现另一种不同的河流——辫状河或溪,这类河流通常出现在沙漠冲积扇或冰川前缘,这是两种不利于植物扎根的环境。在陆生植物出现之前,这就是河流的基本特征,而当二氧化碳下降到造成植物死亡的阈值时,这将再次成为河水流动的方式。

土壤流失也将同样严重。由于土壤被吹走,它们会留下裸露的岩石表面。当这种情况开始在地球表面发生时,它将改变反照率——地球的反射率。更多的光将反射回太空,从而影响地球的温度平衡。大气及其传热和降水模式将发生根本性变化。吹个不停的风将开始携带由高温、低温和流水作用于裸露岩石表面而产生的砂粒。虽然化学风化作用会由于土壤流失而减轻,但这种机械风化作用会形成大量的高吹沙。这颗行星的表面将会变成一片巨大的沙丘地。

这个事件可能昭示着陆地上(也许还有海洋中)所有植物的最终灭绝,而更可能的是,在随后的很长一段时间(也许是数亿年)内,二氧化碳浓度始终在能导致植物死亡的水平附近徘徊。当浓度下降到致命限度时,植物就会相继死亡,于是风化作用减少,令二氧化碳再次在大气中积累,然后又一次,让幸存下来的小种子或根茎发芽,至少需要几千年的时间,才能让它们从如此低的种群数量中恢复过来,再度繁盛。随着植物再次遍布陆地表面,风化率将再次增加,二氧化碳将再次减少,植物将再次死亡。

绿色植物和氧气

动物依赖于一个富含氧气的大气。没有一种动物能在无氧或者哪怕低氧条件下生存。随着植物的消失,大气中的氧气会发生什么变化？一些科学家认为植物的消失对大气氧含量的影响微乎其微,但新的研究表明事实恰恰相反。植物的消失将切断地球上最主要的产氧途径——光合作用。但是植物消失不会影响最重要的氧"汇"——地表无机物质的氧化,以及从地球内部散发出的火山气体。正是后者将最为迅速地耗尽氧气供应。天体生物学家卡特林最近的一项计算表明,植物全部死亡后的约1500万年,大气中氧气的体积分数将低于1%,而现在大气中氧气所占的体积分数是21%。

罪魁祸首

从近两章看来,无论是短期还是长期的生物量减少都要归咎于生命,而生命的死亡也要归咎于其自身。如果是一个不断膨胀的太阳毁灭了生命,这个论点就不成立了——但情况可能并非如此。大量钙质(石灰岩)骨骼形成,并栖居在陆地上从而跳出了碳循环,以及生物增强了风化作用,正是生命通过这些导致了二氧化碳的长期下降。生命是罪魁祸首。不,美狄亚是罪魁祸首。

◈ 第九章

总　结

让我们用本书最简短的一章来总结一下。本书介绍了三种假设。第一种是最优的盖亚假说,它提出了这样一种观点:生命会改造环境条件使其更适于自己。第二种是自我调节的(或稳态的)盖亚假说:生命会维持环境条件在一个范围内,即便不是最优化的,也肯定处于宜居范畴内。第三种,美狄亚假说提出了完全相反的观点——生命,以及未来生命,千方百计地限制着自己,而且在很大程度上是通过在生命所必需的各种地球系统中引起正反馈来实现的。先前提出了一些具体的检验方法,包括以下内容。

1. 多样性的历史是否支持盖亚假说? 若是支持,就应该显示出随时间日益增长的多样性。但并没有。自进化征服了陆地以来,动物和高等植物的多样性似乎在3亿多年间一直处于稳定状态,而这一多样性的长期数值有时还会因大灭绝而被清空。其次,我们对先于动物出现的微生物的多样性情况一无所知,但很有可能更高。随着寒武纪大爆发,叠层石几乎完全缺失,这表明在动物出现之前,微生物的生物量肯定更高,所以生物多样性也有可能更高。

2. 生物量随时间变化的历史是否支持盖亚假说? 不支持。模型结果表明,地球上的生物量在约10亿到大概3亿年前达到顶峰,此后逐渐降低。由于有两个主要因素影响着生物量数值——温度和大气碳值,我们应该关注这两者。温度始终保持着稳定，但碳值已经大幅下降，这是因为植物增加了碳酸盐、硅酸盐的风化作用，以及大大小小的动植物提高了碳酸盐骨骼的生产效率，于是大气中的二氧化碳被去除。这两个导致二氧化碳减少的因素都是由生命造成的。与两种盖亚假说的预测并不一致。

3. 未来的生物量是否会随时间逐步下降，直到海洋消失？ 盖亚假说预测生命将延长生物圈的寿命。但模型结果所示恰恰相反——通过去除二氧化碳，生命自身会缩短地球能够维持地表生命的时间段。虽然植物、大气氧气乃至海洋消失后，微生物仍可能幸存下来，但科学家目前对深层微生物生物圈能否经受住所有地表生命的消失并没有达成共识。

4. 生物圈存续期间的个别事件是否展示出盖亚影响的证据？ 鉴于生命首次出现后，地球上与生命相关的主要事件包括氧气增加、雪球地球事件、寒武纪大爆发（动物的出现）以及显生宙的各次大灭绝，因此这一问题是依据上述事件而提出的。然而，如前文所述，每一个事件在当时都导致了生物量的减少。

总之，至少于我而言，以上四点要证伪盖亚假说，绰绰有余。但这是否就意味着美狄亚假说是正确的呢？也不一定——那句老生常谈的"需要进一步研究"千真万确。但现有证据确凿地表明，比起盖亚假说，美狄亚假说能更准确地描述生命是如何运作的。

这可以是本书的结尾。但我的目标绝不仅仅是围攻盖亚，也不齿于用一个沉默寡言的女凶手取代那个和蔼可亲的慈母形象。让我们进入最后两章：一章是关于环境影响，另一章则是一篇短文，关于我们可以做些什么来拯救我们的物种免于灭绝。

◇ 第十章

环境影响和行动方针

决定何者生存而何者死亡的差异，是多么微不足道！

——达尔文

这是最难落笔的一章。它须有哲学思考和对未来的沉思，这远超出了我的舒适区（科学）。哲学和沉思是我的短板，毋庸置疑，本章会因此略显粗鄙，还恳求诸位读者谅解。我将试着对主要观点作一个简短的总结：认为生命是美狄亚式而非盖亚式，意味着我们的世界观需要一个范式转换。**我们必须从只会无知破坏的生命形式转变为自觉积极的反美狄亚的生命形式。**

这是一个巨大的改变（几乎称得上是一个进化演变了，但那也不完全正确），它令我们从哲学的意识形态和绝望的状态中走出来，并付诸行动，而行动的方式和理由远远超出了戈尔（Al Gore）*和其他非常关注全球变暖、全球污染和全球贫困的人所发呼吁的范畴。与地球上的生物历史相比，我们处于一个独一无二的位置，我们的生存（如果我们真

---

* 美国政治家，1993—2001 年任美国副总统，亦是国际著名环境活动家。其在全球气候变化与环境问题上作出了一定贡献，因"唤醒了对由气候变化所带来的危险的意识"，与联合国组织的政府间气候变化专门委员会共同获得 2007 年度诺贝尔和平奖。——译者

的适合生存的话)取决于接纳这一范式转换并采取行动。在这里很难不夸大其词,但失败的代价真实无比。我们一定不能成为自然的一部分。我们必须战胜自然。

在最后这些章节里,我会尽量将本书的首要假说——"自然"生而"美狄亚"——同另两个衍生内容整合在一起:本章我将讨论我的中心假说对环境保护主义的作用,下一章(即末章),我会提出一些必要的、行星尺度的"调整",若我们想延长生物圈的寿命,就须作出这些调整。但首先我们必须关注环境保护主义,以及如果美狄亚假说是正确的,环境保护主义可能会发生的变化及影响。

人类和无限旅行的新自由

很大一部分人能以这样的自由和频率在全球日常旅行,无非就过了三四代人。而随着印度和中国飞速成为庞大的中产阶级社会,全球流动人口的数量将会翻一番,然后是三倍甚至更多。波音和空客瓜分着市场的主要份额,那些试图减缓全球变暖的人离承认失败仅几步之遥,因为没什么已知方法能有效减少以煤油为燃料的喷气发动机的排放,由于人类乘坐飞机的次数与日俱增,飞机旅行仍是也将继续是地球上最大的污染活动之一。

航空旅行让也将让许多人得以见识人类文明的伟大景象,而还有也将有更多人寻找的风景一反其道:没有文明的地方——野生之地,森达克(Maurice Sendak)*描绘的奇妙野兽也许还住在那片未被人类涉足的壮丽和原始之地。不幸的是,大部分寻找这些原始之地的人都会大

---

*美国著名儿童绘本作家,曾获得凯迪克奖和国际安徒生插画大奖。作品有《野兽国》(*Where the Wild Things Are*),描绘了男孩迈克斯和一座小岛上诡异狂野的野兽之间的故事。曾被改编成电影。——译者

失所望。虽然地球上确实还有少许似乎未被破坏的古代遗迹有待发现，但要到达这些地方，就会途经不断扩张的人类城市、大型的航空枢纽或是其他有迹可循的文明废墟。我们中有太多人曾到访或途经这些城市以及不断蔓延的人类聚居地，这让人意识到它们遭受污染并以垃圾为患的严重程度，尤其是在被称为"第三世界国家"的地区。

地球上还有哪块没被塑料袋这个无所不在的人类进步标志玷污过的处女地吗？世界上还有哪儿的空气比墨西哥城、曼谷、莫斯科等城市的更糟糕吗？制定《清洁空气法案》(Clean Air Act)、《清洁水法案》(Clean Water Act)或类似的法律需要财力，而地球上的大多数国家还没有富足到能够负担得起。把钱花在汽车上还是污染控制上，哪个选项会胜出？一户两车正迅速成为全球现实，《银翼杀手》系列电影中展现的未来似乎近在眼前。我们当然要找到出路。但出路何其难寻，尤其是在曼谷和墨西哥城这样人口均超过1000万并还在增加的新兴城市，一半以上的居民都在30岁以下；而在开罗，超过一半的人更是连20岁都不到。

我们希望用什么取而代之呢？这还用说，当然是回归自然。人类与自然和谐相处：我们所有的物质享受、即时通信，以及快速的全球交通，同高大树木、草原，以及多样又丰富的史前野生动植物相伴相生。

地球未来的希望（其实引申而言应该是地球生命的希望，而不是生命栖居的岩石和水的）在于全世界人们愈发清楚地认识到地球环境问题是由于人口不断增加而日益加剧的。希望也来自人类在诸多领域付出的努力和思考，并为实现某一目标而付诸行动——为了我们的孩子，数以百万的人们致力于确保地球会成为一个比现在更好的地方，有更清洁的空气和水、更少污染，以及有更多可见的野生动植物和"自然"地区取代人类造成的荒芜和开采区。

另一方面，绝望也不可避免地与希望联系在一起，如影随形。绝望来自现实,我们中有太多人**仍然**没有意识到问题的存在,或更甚者,对严峻形势心知肚明,却毫不在意,或更常见的是,出于对金钱或权力的贪婪而罔顾其他人和其他生物的需求。

要应对人口过剩带来的环境挑战,最大希望来自我们在环境保护主义大旗下获得的环保思维、行动和意识的提升。它似乎是人类同地球共存的唯一桥梁。而构建这一桥梁的难点主要在于与日俱增的人口的衣食住行等现实问题。

环境保护主义的哲学基础是什么?这一核心信念如何转化为行动?在这个资源急剧减少的星球上,信奉这一哲学如何能安抚甚至确保人类的未来?

环保运动的要旨是,只要我们"回归自然",或令世界回归到人类进化之前的状态——换言之,不再为了我们的短期利益而掠夺地球的自然过程和资源,而是努力回到"掌控"自然之前我们和地球间的类似关系——地球就最终会把我们留下的残局收拾一空,拯救我们于自我毁灭。我们只需要设法回到文明滥觞于地球之前的样子。当然,我们也孜孜不倦以求两全其美:既要保持文明,又要与其他物种的生态系统以及环境/气候总体上维持良性关系。

按照目前的实际情况,环境保护主义是一个包含着许多值得称许的目标的大型运动:保护——针对燃料、物种、资源和栖息地;行动主义——投票给绿党实现政治变革;管理——"拯救"大片区域免遭开发;以及守护——有许多物种目前数量如此之少,只有法律才能使它们生存下去。

但环保主义的总体目标是什么?综上所述,就是承认人类文明正在制造一片自然的废墟,而这片自然在前人类时代或至少在前工业时代都还存在着。这是个回归原始纯粹的旧时光的梦想,但也不止于此。

环保运动愈发积极主动。它最极端的形式是激进环保主义,主张生态恐怖主义。主流环保主义则试图将一切还原到人类介入之前的状态,因为它的一个主要哲学假设是人类不是"自然"的一部分,至少就写作本书时我参阅的那些环保作品来看是这样的。例如,著名的环保主义者康芒纳(Barry Commoner)*在他的"第三定律"中指出,自然系统中任何重大的人为变化都很可能会损害该系统。在关于人类就是"隔绝"于自然这点上,远不止康芒纳一人持此观点。因而,推动事物回归到人类出现前的状态是环保运动中某些人大力提倡的一个方向。

不幸的是,实践此环保主义会带来激烈的矛盾和不可预见的后果,有时甚至比试图改进的做法更糟。这样的例子数不胜数。如在黄石公园,人们重新引入了野狼,但冬天并不限制雪地摩托的使用,更是全年都能使用汽车,这样一来,公园内外被雪覆盖的多山地形就被污染了,一如曼谷。我们在黄石公园所做的努力是如此矛盾:我们试图让环境恢复到两个世纪前的样子,但我们又不会让野火频繁发生,而野火曾是也正是保持园区生态平衡不可或缺的。即使满是围栏牧场的岛屿,也依然会很容易受到生物多样性减少的影响;而同样的生物多样性减少的情况,在麦克阿瑟(Robert H. MacArthur)和威尔逊40年前所写的学术名著《岛屿生物地理学理论》(*The Theory of Island Biogeography*)中,第一次以海岛为例论证过。美国蒙大拿州和加拿大艾伯塔省在恢复灰熊数量,但在同一地区大量的避暑别墅已然取代了大型牧场;人们正在终止虎鲨消灭计划**,而同时前往瓦胡岛海湾"争当"鲨鱼鱼饵的浮潜者人数已逾百万。这样的例子不胜枚举。我们想要兼得鱼与熊掌,更糟的是,我们对到底想要与自然维系何种关系仍是毫无头绪。

非洲也是如此。肯尼亚、南非、纳米比亚等地广袤的野生动物保护

---

* 美国生物学家、政治家,现代环境运动的创始人之一,曾竞选总统。——译者

** 曾因20世纪50年代虎鲨袭击冲浪和游泳者致死的事件而推出的法案,当时用的说法是"虎鲨种群控制计划"。——译者

区已成为古老非洲的绿洲。但是,在20年前还非保护不可的大象,现在却因数量过多,威胁到了同样数量过剩的人类的食物。大象离开保护区,步伐沉重一如平素,然后因践踏庄稼被"捕杀"。算是某种平衡。这些都是动物园,并非回归自然,正因如此,我们才需要争取并拯救它们。但是,只要还有那么多人在同一块草原上耕作或放牧,我们人类就不可能把非洲的任何一部分归还给庞大的兽群。所以,在地球上永远不会有足够大的空间为一个大型哺乳动物新物种的形成提供必需的地理分隔。我们进入了一个非自然选择的时代:最不易腐烂、最美味的水果和蔬菜得以生存,于动物而言,则是最笨拙、最友好的动物得以生存,但最后也会被我们吃掉。毫无疑问,这是一种不幸的状况。

因此,"修复"这种状况是环境保护主义的一个目标。环境保护主义的科学准则有一个坚定的信念:纵观整个地球历史,存在许多地球系统——碳、氮、磷和硫循环等——已经被人类活动扰乱了,这不仅对其他物种有害,对我们自己也有害。此外,环境保护主义准则也作出了同样坚定的预测:如果我们能以某种方式让这些循环恢复到原始状态,并让生物群恢复到野生状态,我们的物种就会超越界限并最终得以生存。

人类是自然的一部分

我们是从另一个灵长类物种进化而来的。一个有点无所事事的人科物种——某种直立人(*Homo erectus*),在约20万年前变成了智人(*Homo sapiens*,我们实际上是自己的亚种!)。有证据表明,与智力分支相关的重要的大脑变化发生在仅仅4万—3.5万年前。然而,从那时起,我们似乎在进化上变得有些稳定了——至少在形态学上是这样。我们是自然经过35亿年以上的进化实践之后,地球上较近期进化形成的物种之一,当然是自然选择以完全非原创的方式产生的。

我们曾是自然的一部分。那是段艰难时期。气候反复无常，到了约一万年前气候才稍显平和，有了一段漫长的温暖时期，于是人类得以摆脱因数量稀少带来的灭绝威胁。平和的气候产生了农业，我们自此高歌猛进。

那么，如果那个特别的观点确实有点道理的话，我们又是何时才可以说是跨出了自然界，成为了地球生态的例外呢？

环境保护主义的哲学基础

希腊词汇"哲学"（philosophy）的字面意思是对智慧的孺慕之情。有一门新学科叫作环境哲学，它试图把智慧引入环境保护主义的基础中。有大量文献探讨了现代环境保护主义的基础。关于这一主题，莱坦（Eric Reitan）写过一个很好的总结：

> 当代环境理论中最老生常谈的主题之一是，为了在繁荣的自然环境中创建一个与之紧密结合可持续的人类社会，我们需要改变对我们同自然的关系的看法。仅仅改变公共政策是不够的。温和的社会变革——诸如增加公共交通的使用或提高对回收利用的投入——是不够的。强调当前做法的危险性以及强化呵护地球的审慎态度的环境教育也是不够的。即使是大声疾呼道德责任——对后代和与我们共享同一星球的生物伙伴的义务——仍是不够的。我们需要的是改变自己的世界观。更具体地说，我们需要改变对自然，以及对我们同自然的关系的看法。

我当然赞同最后一句话（尽管是以一种我确信会令作者极度震惊的方式）。至于"繁荣的自然环境"，我很好奇，这段话及其他众多类似文字的作者是否真的需要这么一个事物。作为一个常出野外的地质学家和海洋生物学家，由于需要长期工作，我不得不在某几个仅存的自然环境中生存：一个位于印度洋-太平洋海域中的珊瑚礁外礁，身处夜行动物之中，20年间就地研究鹦鹉螺；另一个在加拿大科迪勒拉山脉、阿拉斯加和夏洛特王后群岛的灰熊和黑熊的领地中。两处我都需要全副武装做好保护才能踏足，即便如此我都有好几回差点被吃掉，以至于我都开始对那些奋力猎杀北美所有熊类的本应被人憎恨的"开拓者"，还有那些正不知疲倦地试图捕杀海中每一条大型鲨鱼的人有些感同身受了。这种冲动是自然而然的——任何有了孩子的人都会力图减少周围的危险，毕竟人类在不久以前确实经常被吃掉。

　　恢复自然环境包括让吃人的食肉动物恢复到原来的数量。我们真的想看到我们的孩子身陷被吃掉的危险，就像十几二十年前的那几代人一样吗？而如果你除掉了顶级掠食者，却企图恢复其他的一切，结果就会像人类城市街道环境一样（从根本上就）不自然。所以这里满是虚伪。其实他们真正想要的就是个高尔夫球场：重新种上大量树木，让曾生活在原始森林（为了给冒牌货让路而被移走）里的一些小动物回归，但只是其中一些。吃人的生物、蚊子，和/或可能毁了草坪的大型食草动物都被排除在外。

　　当前最具影响力的环保运动之一是深层生态学（deep ecology）。以下讨论基于Greenfuse网站（http://www.thegreenfuse.org）的内容。深层生态学最初是由挪威哲学家内斯（Arne Naess）提出的。它已经发展成为一个具有相当影响力的全球性运动。内斯总结了一套原则，提请人们将之融入个人的人生哲学中：

　　　　深层生态学家强调，人类只是这个星球生态的一部分，并相信只有领会了我们同整个自然的和谐统一，才能充分实现我们的人性。深层生态学相信所有的生物都是平等的：人类

并不比任何其他生物有更高的价值，我们只是生物群落中的
普通公民，拥有的权利同变形虫或细菌并无二致。

这听起来确实合理。但本章开头所述的范式转换恰恰与这点针锋
相对：我们不是普通公民。我们是使地球生命存续的唯一希望。

深层生态学纲领

"深层生态学纲领"（Deep Ecology Platform）的八点原则（Naess，
1989，p. 29）可以改述如下：

1. 地球上人类和非人类生命的繁荣有其固有价值。非人类生命形
式的价值与出于人类狭隘目的而定的有用性没有关系。

2. 生命形式的丰富性与多样性本身就是有价值的，并有助于地球
上的人类和非人类生命的繁荣。

3. 人类没有权利减少这种丰富性与多样性，除非为了满足生死攸
关的需要。

4. 当前人类对非人类世界干预过多，并且这一状况正在迅速恶化。

5. 人类生命和文化的繁荣与人口大量减少之间并不矛盾，非人类
生命的繁荣需要这样的人口减少。

6. 生命环境的显著改善需要政策作出改变。这些影响着基本的经
济、技术和意识形态结构。

7. 意识形态上的转变主要是重视生活质量（居住在有固有价值的
环境中），而非一味追求生活的高标准。人们会深刻认识到"大"与"伟
大"的区别。

8. 同意上述各点的人有义务直接或间接地参与到实施必要变革的
行动中去。

这些应该无可争议。当然,关键是需要减少人口。但尽管值得嘉许,其中又有多少是切实可行的呢? 让我们回到莱坦的文章,调查一下关于实用主义的观点,莱坦对他这篇发人深省的文章总结如下:"人类是在我们正在改造的自然环境中进化的。进化到现在这个程度,我们依赖于自然环境为我们提供物质需求和心理寄托。而我们的行为却相当于摧毁了众多我们所仰仗的事物,因此可谓是用很直接的方式在自掘坟墓。因而,推动这种行为的世界观**从实用主义角度而言**就是错误的。"

我在上一句话中加了强调,因为它是整个讨论的一个重要方面。实用主义是建立在现实基础上的,而地球最基本的现实就是60多亿人的存在,所有人都是大型动物,不仅改变着各自周遭的环境,还导致无处不在的变化。如果你居住在北美洲或欧洲却购买中国制造的东西就会产生这一影响,飞行、食用运输食品等也是如此。

尽我们所能去保护尚未被破坏的原始自然环境。谁能驳斥这种观点? **节能**。除了受惠于商业利益的人之外,还有谁能与之一辩? 其实只需将全世界的汽车都换成丰田的混合动力车,将所有的灯泡都换成低能耗荧光灯,并禁止一切航空旅行,大气中的二氧化碳值就可以迅速稳定下来了。现在二氧化碳浓度的上升速度之快,会令地球大气迅速变回类始新世的大气,这将使得所有的冰帽在未来的2000—5000年间融化,并因此导致海平面上升超过240英尺。这似乎是一个务实的行动,不过明智的人都清楚,人类绝不会这么快就变得如此谨小慎微。世界上还有太多人,尚不知道一辆八缸越野车沿着原始的州际公路环游整个亚洲的乐趣,但这无疑就是这片地球一隅的未来。

实用环保主义前路坎坷。而作为美狄亚世界里的达尔文式生物的我们,直面自己也同样艰难。如果我们成功了,其他所有物种才会"愿意"同我们站在一边。这植根于我们的本性中、我们所有的地球生命中,以及大概所有生命中。

实用环保主义的一些规则

在研读大量的文学作品时,我不由为这一领域收获的大量五花八门的情报赞叹不已。但我还是想抨击一下持怀疑态度的环保主义者——福克斯新闻频道的老朋友隆伯格。此外,确实**已经**有过一些真正的"环保"胜利。一些伟大先驱者如康芒纳认为尼克松(Nixon)执政那些年是黄金时代(!!!):《清洁空气法案》、《清洁水法案》以及《濒危物种保护法》(Endangered Species Act)被设立为美国本土法律,DDT和其他一些化学品被禁用,人们的环保意识有所提高。最终结果是许多本会灭绝的物种得到了保护。但这些看似"利他主义"(达尔文式的生物所不具备的特性)行为背后隐藏着真正的政治动机,因为它们中的每一个都极大地促进了我们人类的健康。即便是这许许多多行为中最为利他的《濒危物种保护法》也有一个极为功利的核心——最濒危的物种恰好也起着谚语中"矿井里的金丝雀"的作用,它们是一种标志,警示人们某一特定地理区域中人类造成的污染和破坏已经达到了一定程度,需要人类行为作出改变。

那么,对一种新的环保主义而言,什么才是真正实用的规则呢?首先,我主张,人类应该接受科技的存在——我们从一个本会(并将会)见机杀掉我们的生物圈那里中了进化的头彩,并且,我们应该善用一切,我说的就是"善"。但要务实。第一步是为环境保护主义构建一个新的哲学基础。我们要的不是"回归自然"。我们已经这么做过,并任其自生自灭,自然已经缩短了生物圈的寿命并还将持续缩短下去。因此,让我们着眼于会降低生物圈生产力(美狄亚干涉的一个度量标准)的人类活动,并把改变这些作为第一步。

我认为"危害"环境的两项最危险的人类活动是气候变化和战争,于后者而言,战争的范围越广、时间越长,其影响就越具破坏性。第一次海湾战争中,从燃烧的油井和炼油厂冒出的滚滚浓烟就是个令人难忘的例子,而其他的例子都是大家耳熟能详的。最坏的情形是大规模的互投核弹,动用成百上千枚弹头。也许这还真是人类的下场,而且绝对可以称得上是顶级的美狄亚事件。核裂变或核聚变炸弹袭击造成的辐射中毒会是最严重的人类美狄亚效应。

停止战争的方法是提高全世界人民的生活水平。而这只能通过更频繁的人类制造的美狄亚活动来实现——燃烧更多的煤和石油,建造更多产生钚废料的核电厂,建造更多的"基础设施",诸如现在还没出现的跨大陆高速公路。所有这些都不能帮助我们回到"自然",并且在某些情况下,它还将在未来的数世纪间进一步减少生物量和多样性。这点势不可挡,但另一种选择会让某些群体长期陷于贫困,这就不可避免地会引发战争,还是一场每个国家都拥有核武器库的世界战争。虽然应该尽我们所能更多地保护自然,当然,我们能保护的可能也不会太多。不过,大量的高尔夫球场和野生动物保护区总胜于一个有辐射的世界。

至于气候变化,我们必须稳定大气中的二氧化碳水平,这是每一个思想健全的人都知道的。它既不能太高,又不能太低。理论说得轻松,但是知易行难。

哲学挑战

结论显而易见但颇具误导性——美狄亚允许她的孩子继续在地球上肆虐。这简直错得离谱。为了阻止造成生物量削减的温室灭绝,我们一定要减缓大气二氧化碳含量上升的趋势。我们必须尽可能多地保护地球上的绿色区域,以维持地球的氧气供应。我们必须减少会毒害生物圈的毒素。从行为上,我们必须变得反美狄亚——这就会让我们成为盖亚一派,至少对我来说,这一切的结局有点可笑,哎,这些天来讽刺都要不够用啦。

◇ 第十一章

势在必行的事

四十昼夜降大雨在地上。

——《创世记》(Genesis)第7章

我们身处盒中。最终它会变成一个致命的盒子、一个毒气室或是油炸锅,这取决于事情的进展。如果我们作为一个物种要生存下去,就必须学会霍迪尼(Harry Houdini)* 的逃脱术。

在本章中,我将就一系列势将完成的工程壮举给出建议。

会发生什么

同我合著过几本书的朋友布朗利(Don Brownlee),曾在美国国家航空航天局(NASA)如今声名大噪的"星尘计划"[得名自米切尔(Joni Mitchell)的《伍德斯托克》(Woodstock)中的歌词,大大暴露了布朗利的年龄和爱好]中成功地引导一艘航天器远航太阳系外围,并取回了一颗彗星的若干碎片。他热爱夏威夷,毛伊岛是他的最爱(至少从我收集到的信息来看)。而正是布朗利向我指出,毛伊岛以及夏威夷其他各岛屿

---

* 其被称为史上最伟大的魔术师,擅长脱逃术和特技表演。——译者

上的所有生命难逃死劫。这些岛屿的历史就是活火山活动的历史。在当时活跃的"热点"* 之上形成了一个个岛屿，而"热点"现在仍在为"大岛"——夏威夷岛添砖加瓦。不过，随着每个岛屿缓缓向西北方移动，其下的熔岩龙头就被关上了，而岛屿会开始下沉，并被侵蚀，变得越来越低，越来越小。这要耗时数百万年，但你只要往西北方向跳岛，就能切实地看到这个过程。目前群岛上的物种有几千，甚至可能有几十万种，而随着每个岛屿最后沉入海底，所有这些特有物种就会接二连三地灭绝。似乎没有人（除了像布朗利这样的人之外，他们对庞大的数量、久远的过去或遥远的未来都能淡然处之）为此忧心。但是所有的动物群和植物群都在劫难逃——除了那些幸运儿，它们攀上一根圆木漂浮出去，被冲到尚存的陆地上，当然，前提是这块新陆地上的条件有利于

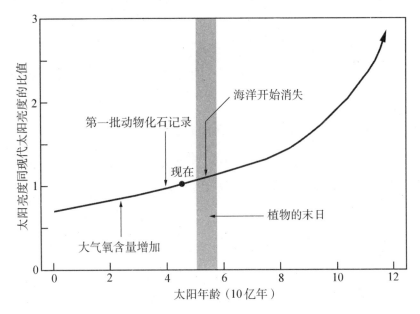

图11.1　各种世界"末日"的时间表。（来源：Ward and Brownlee，2003）

* 在板块内部熔浆与气体喷出的活动地点被称为热点。有学者认为热点下深部存在地幔柱，其上涌物质提供了这些板内热点的高温岩浆，形成了现在的地幔柱假说。——译者

生存。

上述事件也会发生在地球及其所有的居民身上，但有一个物种例外，它有能力乘上自己的"飞天圆木"在太空中漂浮——为了生存，要么我们从星球上迁居，要么就让我们的星球变迁。但即便如此，也只不过是一个临时措施。

要我们离开的前提条件是太阳越来越大，而二氧化碳浓度越来越低。但多半早在这两方面开始凸显影响——至少要在5亿—10亿年后——之前，我们就已经被消灭了。最有可能的死亡方式不是行星衰老，而是灾变——小行星撞击、γ射线爆或邻近的超新星诞生。但可能性更大的是，要么爆发全面的核战争，要么经历又一场温室灭绝事件。我们必须做些什么才能规避这些命运，让我们这一物种能数亿年乃至数十亿年地延续下去呢？我们的"出路"是常识、政治意愿和大规模工程的结合，这只有在全球文明齐心协力而不是四分五裂的状态下才有可能实现。好吧，这当然是乌托邦式的白日梦。但到那时灭绝会持续很久很久。

在必须做的事中有一些黑暗讽刺的意味。在短期内，我们必须减少大气二氧化碳。然后，从长远来看，我们必须采取行动，防止二氧化碳下降太多。但有了有实效的工程技术，两者将极有可能实现。

短期内

我们生活的时代，大陆高，内海或"陆缘"海少。但还有一点就是，我们也生活在一个有冰帽的时代，而这样的时代，即便在地球的漫长历史中，也是屈指可数的。地质记录清楚地表明，在大多数地质时期，海平面远高于今天的水平。而正因为如此，科学对一个汪洋一片的地球的地质学、地理学和生物学有着深刻了解。我相信我们将不可避免地回到那个状态，就在不远的将来，甚至迫在眉睫——它和我们之间的时间距离，或许和我们同金字塔建造者之间的一样近。

毋庸置疑，由于全球变暖，地球正在发生着根本性的变化。那些反对这一结论的人是出于政治、经济或智商不够的原因，而不是基于科学事实。同样毫无疑问的是，要缓和这个星球及其所有居民在今后几十年至几百年中所要面临的无可争议的全球变化，就需要耗费地球大量的技术、人力、原材料和货币资源。我们愈发心知肚明：人类正处于一场注定失败的战争中。在这样的战场上，就得进行分诊：竭尽全力救护，但只把你的资源施予能够被救护的事物上。我们所了解的这个地球有冰帽，从两极到赤道存在极端的温度变化，由于纬度温度梯度而造成不同纬度乃至不同经度有着多变的主要天气模式——如果这个星球在当前状态下无法被救护，那么作为一个物种，我们能指望的最好结局又能是什么？换言之，如果我们不能阻止全球变暖，我们还怎么"善"用当前的情况？

关于全新气候的想象中最可怕面貌的书如今层出不穷，大多数揪着风暴和暴虐的天气模式不放。而海水的缓慢上升无疑足以令其他黯然失色——海平面会先上升到**高于**当前高度20英尺的程度（格陵兰岛冰盖融化），随后是240英尺（南极冰盖也跟着融化流入全球海洋），而这一切，在2000—4000年内就会发生。而且说真的，随着变暖，天气最终会变得平和，而不是剧烈。全球变暖使高纬度地区变热，而热带地区已经有那么热了。对植物造成的变化将会是巨大的，但对人类社会造成的变化会是一场毁灭性的灾难，除非我们现在就开始规划。

二氧化碳浓度以每年0.0002%的速度上升，而且这个数字还在增加。以往0.1%的浓度通常就会导致无冰的世界，基于目前0.038%的浓度并仍在攀升的情况，不出300年二氧化碳浓度就会到达0.1%这一危险的临界点，而按照华盛顿大学气候学家巴蒂斯蒂（David Battisti）的说法,可能只要短短95年就能达到。许多气候专家认为,每年0.0002%的变化只会加速:中国平均每周有3台燃煤发电机组投入使用,而印度预计到2050年会成为世界上人口最多的国家,其庞大人口数将超过中国和美国的人口总和。印度新兴的中产阶级仅略少于中国,而在中国,燃煤是主要的能源解决方案。巴西紧随其后,也有着大量的新兴中产阶级——而这是一个将汽车视作生活必需品的群体。仅凭这些原因,在约一个世纪后,二氧化碳浓度当然就有可能达到0.08%— 0.1%,甚至大有可能。上一次二氧化碳浓度达到这个水平是在5500万年前的始新世,当时的气候已经变暖,以至于在北极圈的极北之地都能看到棕榈树和鳄。这个北极和当时的南极一样,不存在大陆冰盖。我们正在迅速回到始新世。

以史为鉴,可以预测未来:我们的星球在过去曾多次处于无冰状态,因而我们能十分准确地预测即将到来的地理、气候和生物群分布。但这样的世界里不曾有过人类。

50年之内,人类将会首次体验到真正重要的社会影响。这来自两件事:存在已久的沿海城市的海平面首次上升,三角洲地区也面临同样的海平面上升。在这一时期,海平面的上升看起来仍不算多,约在50厘米左右,但若格陵兰冰盖融化的速度比目前的乐观估计要快,那么海平面就会上升多达1米。虽然高度工业化国家的沿海城市将以一种同现在荷兰和威尼斯类似的方式和姿态使用技术进行抵御,但在许多城市中,这种方法是不可能的。对这些城市最严重的影响将是地下基础设施的丧失,以及不够坚固的建筑物的倒塌。这也将是北极最后一块浮冰消失之时,西北航道的古老梦想倒是即将实现了。无冰北极的经济、社会和生物影响将成为人类关注的焦点。

到2100年,海平面已经真正开始上升,并已上升1米。所有沿海城市都正在同海洋对抗,而战斗还远未结束。这标志着一个极端的转折点。再也不能否认洪水即将来临。这一时期也对应着植物的大迁移和/或灭绝。一个新的、稳定的气候体系影响着所有热带地区以外的种植区。这一时期水循环也发生了不可逆转的变化,沿海地区乃至深入内陆的河流沿岸的含水层盐渍化,造成仅适应于淡水的湿地生物局部灭绝。粮食生产处处受到影响。而全球人口才刚达到90—110亿。

到2150—2300年,格陵兰岛和南极西部冰盖继续消融,但愿其尚未完全融化:格陵兰岛冰盖是最先消融的,得到了所有人的关注,但现在有充分证据表明,南极几个较大冰帽中的一个也受到了威胁并正在消融。因此,初期消融的速度极有可能比先前设想的要快,产生的液态水也会更多。对这次消融完成时间的估计莫衷一是:也许早在2150年,或是其后的一千年多一些。届时我们会看到海平面比现在要高20米,从而毁灭所有沿海城市。同这一时期相伴的将是大规模的人类迁徙、饥荒,毫无疑问,还有战争。

终极的沉没将发生在2500—5000年之间。海平面上升到了终点。最终日期取决于南极冰川融化的速度。随着气候变化和海平面上升,各种地质过程将发生变化。从黏土生成这类过程,到风化和地貌的速率和过程,再到区域气候模式。自然的本质将从根本上发生变化。

海平面完全上升之后,许多沿海城市的命运和效能都将不容乐观。在那些恰好位于海平面高度的城市,还能看到的只有24层以上的摩天大楼。

新近淹没形成的海岸线将从根本上改变农业生产方式、农作物和所利用的物种。小麦等低温气候的谷物将向高纬度地区转移,目前的温带地区到时将不得不以转种热带作物为主。水资源分布格局将发生根本变化。所有三角洲和低海拔水稻种植区的消失,将迫使水稻这一亚洲最重要的主食全数迁移。

而来自高纬度地区的作物特性就将格外重要。如今,阿拉斯加州安克雷奇附近的马塔努斯卡山谷,即便非常接近北极地区,在其短暂的、温度受限的生长季节,也能生产出大量的蔬菜。这是因为那里的夏季从不天黑,这些植物得到充足的阳光照射,有近24小时的生长期。而在新世界里,升高的温度将使作物生长季的开始日期提早而终止日期推迟。

气候变暖将新产生两个至关重要的陆地区域,即新近解冻的格陵兰岛和南极洲。即使海平面上升,只要有重大工程确保它们不形成大型内海,这些地区将成为重要的大型新兴农业区。它们的陆表受冰盖太长时间的重压而产生沉降,虽然它会随着冰层的消失而反弹,但速度远不及冰的融化速度。新的科学论文表明,这些巨大的内陆盆地将被灌满海水。但人们发现,海水的灌入口狭窄,这对格陵兰岛和南极洲就意味着,只要我们沿着这些入口点建造大型水坝,就能将海水拦在陆地外,令内陆地区产生五大湖式的内陆湖。一旦这项工程壮举完工,这些湖就将成为地球上最大的两个淡水湖区。

海平面上升停止后,我们将回到类似于晚白垩纪的地理环境。这是一个有较多陆表海(或内海)的时期。北美洲内陆、南美洲亚马孙盆地,以及亚洲的大部分地区,都将被一个大洋占据。世界各地也将变成热带。

上一次出现从赤道到两极附近都是热带地区的情形还是在5500万年前的始新世。热带地区的延伸和新出现的内海将从根本上改变热带疾病的分布。微生物以及诸如传播疟疾的按蚊(*Anopheles*)等病媒生物都将向极地扩散。疟疾和登革热将是这些新的分布区间的最大获益者,埃博拉这样的罕见疾病也会在更多地区发生。由于陆表海的出现,地球上曾经干旱的地区的降雨量将会增加,因此我们可以预计蚊子、人类寄生虫(如引起象皮肿的丝虫、引起非洲昏睡病的锥虫,以及蛔虫等)将会大规模增加。

最后，在未来几千年，地球将再次经历全球变暖的终极影响：热盐环流系统逐渐变慢，然后停止。由于温暖海水能储存的二氧化碳和甲烷量较少，海洋将极有可能大量释放出这些气体。如果发生这样的释放，我们可以预计，全球变暖的速度会变得非常快，甚至远快于现在，而这引发的可能不仅仅是一般的大灭绝，还是二叠纪规模的大灭绝。

所有这些都是在人类不阻止二氧化碳上升的情况下作出的预测。应付这一问题则需要采取步调一致的全球行动。我的同事巴蒂斯蒂认为，倘若人类这个物种不能齐心协力采取行动，我们就将面临大规模的死亡。所需的工程包括减少碳排放，尤其是在所有交通部门，以及将低碳的产能设施（如不出所料将是核能）联网。即便如此，这些措施也可能只是杯水车薪。

各色科学智囊团提出了一个长期的解决方案，那就是发射绕轨道运行的太阳盾，所谓太阳盾是可以减少投射到地球上的阳光的巨型遮阳板。它们可以被安置于深海上空，以缓和阴影下植物生长减少的问题。

人为的温室气体的产生——美狄亚效应还是全球生物量的增加？

我们有理由提出这样一个问题：在不久的将来，一个全球变暖的世界是否真的会比现在拥有更多的生物量？如果是这样，并且随着气温以及二氧化碳浓度双双升高，所有的模型结果都表明植物应该长得更快、更大，甚至连浮游生物也应该处于更高的生物量水平。那么，这就会是盖亚效应——通过释放温室气体，人类将使地球比先前更适合更多生物生存。然而，我并不认为这会发生。新出现的植物生物量必须与因全球海平面上升而不再产生的生物量相抵消才行。沿海森林和陆地植物区通常比除少数海洋群落(如珊瑚礁和大型鳗草床)以外的所有海洋群落的生物量都高得多。而被水淹没的陆地面积又十分巨大。其次,由于土地丧失,大片森林地区将不得不被改为新的农田,而由于农田每年都要休耕一季或多季,这些新农业区的生物量将比它们所取代区域的生物量低得多。最后,海平面上升来临之际,是人类人口到达顶峰之时,这势必引发战争冲突。而比起战争减少的生物数量,人口增加的影响不过是小巫见大巫:通常来说,战区迟早会变成一片"焦土"。

用工程来解决

我们的选择是什么? 就是不能让冰帽融化。为了避免这种情况,我们需要降低全球气温,而如果人类社会没有意愿或能力通过保护环境来做到这一点,我们可能不得不转投于工程方案。已经有人提出了两个解决方案。第一个是一系列的巨型"太空镜",不过并没有它们的建造或成本的细节。而在2005年,诺贝尔奖得主克鲁岑提出,向大气中注入大量硫的气溶胶——效果类似于一座大型火山以更大的规模爆发——可以达到这个目的。然而,克鲁岑也坦陈,这项大规模化学实验的环境副作用仍未可知。

另一种解决方案是用反光材料大面积覆盖陆地或海洋。反照率变大,地球的温度就会下降。

然而,从长远来看,工程上的挑战将会是使碳重新回到大气中。即使太阳越来越大,由于二氧化碳被储存在大陆岩石中,其含量会长期下降,这对地球生物量构成了最大威胁。没有植物就意味着没有氧气,因此我们从现在开始就需要不断努力将储于石灰岩和其他大陆岩石中的碳移回大气中。这相对还比较简单,我们现在知道的就是燃烧碳氢化合物。但随着碳氢化合物最终被耗尽,用某些方法大规模地加热石灰岩也许能达到目的。

篮子里的鸡蛋

古语有云,不要把所有鸡蛋放在一个篮子里,此言得之。我们人类不该把我们全部的"DNA鸡蛋"都放在"地球篮子"里。但我们是储备了大量的人类卵子和精子,还是真的在地球之外找到了另一个安乐窝呢?

如今,地球上再也没有哪片无人踏足又能维持人类生存的地方了。不过这点可能会有所改变——高纬度地区的冰融化会令南极洲以及格陵兰岛和西伯利亚的部分地区开始适合更多人类居住。但它们还是在地球上。

几千年前,我们就已经踏遍了地球上的每一个角落,而几十年前,我们开始计划仿若宿命又顺理成章的发展:人类离开地球移居太空。随着人类在月球上迈出的第一步,以及本世纪载人登陆火星的态势,这些推动我们不断前进、攀越高峰的基因仍然占据着主导地位。我们在银河系中漫游肯定只是一个时间问题——这个认知遍布人类社会的每个角落,从常识变成了一个文化意象:宇宙飞船、比光速还快、具有远距离星球间的空间跳跃能力。这些是如此耳熟能详,使大部分人相信我们现在或很快就能以这种方式进行旅行。如果问任意一间屋子里的人相不相信存在外星生命,超过一半的人会回答"相信"。但如果问这些人,是否认为我们将能进行星际旅行,他们几乎会众口一词表示肯定。每个人都曾无数次看到过这种星际旅行,或是通过电视电影,或是通过杂志书籍,几分虚构,几分真实。家喻户晓而让人胸有成竹的这幅画面,一定有一个即将到来的现实基础。是这样吗?

最直观的第一个问题来自技术和工程领域:是否能够制造出一种太空飞行器,可以把我们——并且同时搭载许多人——不仅带到火星,还带到更远的星球？这既是大多数关于太空殖民的讨论的出发点，也是终点。但比起制造曲率驱动引擎的需求，我们要解决的问题更为根本。太空殖民的前景取决于许多生物学甚至社会学问题，同样也有赖于此等航行的纯技术和硬件方面。如果工程决定了旅程的长度，我们又怎么知道要带多少人，以及要带些什么生物呢？在我们的预计中，在太阳系或是百来个邻近星系中，有多少星球可以直接适合人类居住，而不需要大刀阔斧地进行"地球化"改造呢？但更重要的是，现在要把我们送往太空的理由是曾让我们航行到地球尽头进行殖民的那些吗？会新出现一些事件，使人类必须投奔无垠星空吗？抑或是，我们站在虚空边缘又掉转方向，而地球家园才是人类的永恒归宿？即使我们决定离开，我们能抵达的地方就适合人类居住吗？我们能有足够多的人抵达那里完成后继的殖民吗？

当人类开始征服地球时，我们并不担心翻过下一座山后空气是否还能呼吸。移民的主要障碍——至少在有江湖大海拦住去路的地方——是获得恰当的技术（比如这个情况下是造船），对太空移民的挑战亦是如此。但当时我们至少不需要氧气面罩，或是（至少对地球上大多数地区而言）帮助抵御大多数地外行星上的严寒的特殊防护服。这里将着眼于我们太阳系中有望接纳人类的栖息地。尽管火星、木卫二和土卫六上可能存在生命（后两者分别是木星和土星的卫星），但只有火星可能适合人类长期居住。但有多适合居住？尽管许多组织，如祖布林（Robert Zubrin）* 的火星协会（Mars Society），坚持认为火星能被打造成为人类的宜居之地（只要用个最低限度的氧气富集技术，人们就可以在火星上呼吸了），但他们无疑低估了挑战的难度。虽然穹顶城市乃

---

* 美国航空航天工程师和作家，其参与论文中的提议经修改后曾被 NASA 作为火星"设计参考任务"（design reference mission）。1998 年他成立了火星协会，募集私人资金倡导载人火星任务。——译者

至小行星居住地在技术上是可行的，但从经济和现实角度而言，把大量人口送到南极可比把他们送到火星容易得多，而且可能一样无用。火星没有植物，由于缺乏板块构造，也没有矿藏。几乎没有什么能推动火星殖民地的经济发展。

我们还可以用另一种方式来看待火星问题。它同该项目的资金供给有关。回顾一下祖布林和瓦格纳（Wagner）在1996年的建议：通过制造卤代烃气体引发温室效应使温度升高，从而令火星"地球化"。人类在火星表面制造温室气体，随后的气候变暖导致火星土壤释放蕴藏的二氧化碳，基因工程植物则会吸收二氧化碳释放氧气。温室效应持续900年后，大气压力将增加到略低于丹佛*的平均气压或国际航空公司的正常舱压。而适应了低气压的人可能在700年内就能在火星上定居。这项提议的花费按照描述是"几千亿美元"。但这些成本怎么才能被收回呢？如果通过房地产销售，则必须要产出巨额的$1.36×10^{16}$亿美元才能偿还700多年来累加的债务。因此，平均每平方米的火星房地产需要售得10 460亿美元，才足够偿还贷款。尽管我们可以期冀在未来700年间财富会有一个巨大且普遍的增长，但这仍会让火星房地产看来相当昂贵。

火星也许能维持一小部分科学家的生存，但在火星上建立大型人类殖民地也许并不可行。倘若如此，人类在太阳系的殖民就得转投沿轨道运行的封闭城市了。

那么其他恒星呢？我们的银河系是巨大的，由大约4000亿颗恒星组成，这个数字看来简直不可思议。它是一个巨大的棒旋星系，如果我们能设法从太空中观察它，就会对我们星系的样貌有非常全面的认知了。我们的第一印象会是恒星的数量。尽管数量巨大，但这些恒星之

---

*丹佛是美国海拔最高的城市，其平均海拔高度约为1英里（约1.6千米），别名里高城（The Mile-High City），因而也是美国气压最低的城市。——译者

间的距离——以任何人类的常用距离单位来衡量——都更加巨大。因此,假设开发出某种航天器能在太空中进行超长距离的旅行,我们就会想知道,我们的宇宙"邻居"长啥样? 我们所在的银河是个什么样的"街区"? 是贫民窟还是高档小区? 更重要的是,我们是在一个和恒星相距较近的高密度区"市中心",还是在偏远的乡下,与我们最近的邻居也相隔甚远?

最近的恒星有多近? 除了太阳,离地球最近的恒星是比邻星,相距39.9万亿千米,也就是4.2光年。因此,来自比邻星的光需要4.2年才能到达地球。如果你乘坐法国高速列车(它是最快的火车之一),以其每小时515.3千米的最高纪录速度前往比邻星旅行,都将耗时约886万年,更何况恒星们一直在彼此远离。

在关于星际旅行的讨论中,聚焦点通常是工程方面的挑战:建造一种可以在邻近恒星之间旅行的飞行器。但是,人类以及未来可能的殖民者携带的动物、微生物和植物的生物学问题可能会带来更大的挑战。通过飞船旋转产生的某种形式的人造重力是人类成功繁衍发展的必要条件,此外,人类肌肉和骨骼的质量流失仍是长途太空旅行的难点。最后,深度睡眠、假死或低温冷冻(某些可以让旅客一到目的地就苏醒过来的技术)是怎么样的呢? 深度睡眠——如果有可能实现的话——事实上会带来不容忽视的短期和长期的健康风险。看起来没人能在从地球出发后开始瞌睡,历经多年到达半人马座的南门二星系*,再在比邻星上醒来。

航天器

科幻小说、电影和电视节目的保留剧目向我们灌输了这样的信念:我们人类将有能力建造一艘能在星际间快速(甚至是瞬间)旅行的宇宙

---

* 又称半人马座 α 星系,比邻星所在的星系。——译者

飞船。然而建造这样一艘星际飞船的工程难度被严重低估了。

　　化学推进是目前所有太空任务都使用的火箭推进系统的类型，而星际任务的要求是化学推进的性能所不能及的，即使有重力助推（航天器绕着行星或太阳旋转以增加速度）也无法弥补。太阳帆则在性能和技术可能性之间找到了平衡点，这将使这类星际任务能够在有限度的成本和技术研究下得以进行。在更遥远的未来，诸如"束能帆"（来自地球的光能被汇集在正在离开的航天器的巨帆上）这样的未来技术和核推进都值得发展。前者将适用于速度快、体积较小的探测器，而后者将成为广泛的未来太空任务的一项赋能技术。但是这些系统的问题是，它们太慢了。

　　毫无疑问，我们掌握着并早已掌握了向其他恒星系统发射载人航天器的技术。有四艘航天器［"旅行者号"（*Voyage*）和"先驱者号"（*Pioneer*）系列探测器］现正以每年1.9亿—3亿英里的速度深入星际空间航行。这一性能是利用重力助推实现的：超出火星轨道之外的太空任务的执行都少不了它，而且由于没有动力足够强劲的火箭可用，我们在执行飞往木星的"伽利略"（*Galileo*）计划中利用了金星（两次）和地球的重力助推。不过，尽管这样的速度听起来确实很快，但在现实中，这些探测器向着群星前行的速度无异于龟速。

　　那么，若用如今的技术前往邻近的恒星需要多长时间呢？目前最快的航天器可以达到每秒30千米（相对于地球）。以这个速度，到达比邻星需要大约**4万年**！此外，以我们现阶段的太空技术，已开始的最持久的太空任务预计在关键部件可能发生故障之前的操作寿命约为40年。为了确保星际任务的持续进行，诸如自动修复等重大工程进展必不可少。简言之，目前的航天器推进技术无法以足够快的速度发射装置，以在一定时间内到达目标恒星。

　　能造出一艘可在前章所列的最大航期内运客的飞船吗？化学推进

的特点是低比冲*，但能使发动机具有非常大的推力，不适合深空和星际任务。虽然通过化学推进，在重力助推的辅助下，人类可以到达近星际空间，但若不改进推进力，在一定时间内，就不可能完成任何星际空间任务。

目前最具潜力的两种推进技术也必须克服极大的障碍才能实现。在核聚变发动机中，轻元素结合形成较重元素和能量，聚变产物将以等离子体的形式从磁喷嘴中被释放出来。这会产生巨大的推力，其效率高达化学火箭的250倍。然而，受控核聚变的潜力尚未发挥到极致。类似地，反物质发动机也有希望实现可观的能效，但还有很长的路要走。反物质提供了无与伦比的能量密度，在任何已知的物理反应中，物质–反物质湮灭每单位质量释放的能量最多。反物质发动机的比冲可以达到氢/氧火箭的200—2000倍，使反物质成为"最热门"的潜在推进剂。然而，当前的主要障碍仅仅就是生产足够的材料。目前，反物质每克价值62.5万亿美元，而且实际只能以纳克的量级生产。而它即使只是轻触到正常的物质，也会爆炸。同时，所需燃料的总量仍是个问题。

最轻的美国载人航天器是水星太空舱——"自由钟号"（*Liberty Bell*）。它的质量只有2836磅**，于1961年7月21日发射。要把这个"罐头"送到最近的恒星并让它返回地球，仍然需要使用超过5000万千克的反物质燃料。

毋庸置疑，一定会出现一些突破性进展，有望从根本上提高星际飞船的速度或效率，当与公众讨论这个问题时，大多数人的观点也是如此。但物理定律不徇私情。诚然，即将到来的重大突破往往要到发展的最后关头才能被预见（我们亲眼见证了飞机和汽车在出现数年后所经历的快速演变），工程师面前仍有不少棘手难题，如试图令一艘在星

---

* 又称比冲量或比推力，用来表示一个推进系统的燃烧效率。——译者

** 1磅约为0.45千克。——译者

际航行中已达相当一部分光速的星际飞船减速。而且并无迹象表明哪怕只是接近光速的推进系统是可行的。

最后的话

综上所述，我得出的结论是，我们基本上就离不开地球了。当然，也可能会出现突破性进展——例如，将1800年的技术同今天相比，或从公元0年历数至今。可是物理就是物理。建造一架在浓厚大气中行驶的飞行器要比建造一艘星际飞船容易得多。

我们被困于地球，并且在短期内，人类数量可能会超过100亿。（举个例子，在2007年3月1日有报道称，卢旺达育龄女性平均就有5、6个孩子。）与此同时，大气中的二氧化碳浓度接近0.04%，并在节节攀升。我估计，0.1%的浓度就将致我们于死地，因为在这种二氧化碳浓度下，地球所有陆地上的冰必将融化，这会减缓洋流速度，随之而来的就是温室大灭绝。

现在只有工程才能拯救我们，因为"自然"真的就是纸上明摆着的事实，正同我们面面相觑。是时候撸起袖子，拿出计算尺，鼓励科学家们，该加油干了。我们所有人都责无旁贷。

参考文献

引言

Caldeira, K., and J. Kasting. 1992a. The life span of the biosphere revisited. *Nature* 360: 721 – 23.

———. 1992b. Susceptibility of the early Earth to irreversible glaciation caused by carbon ice clouds. *Nature* 359: 226 – 28.

Dole, S. 1964. *Habitable Planets for Man.* New York: Blaisdell.

Gott, J. 1993. Implications of the Copernican Principle for our future prospects. *Nature* 363: 315 – 19.

Gould, S. 1994. The evolution of life on Earth. *Scientific American* 271: 85 – 91.

Hart, M. 1979. Habitable zones around main sequence stars. *Icarus* 33: 23 – 39.

Kasting, J. 1996. Habitable zones around stars: An update. In *Circumstellar Habitable Zones*, ed. L. Doyle, 17 – 28. Menlo Park, CA: Travis House Publications.

Kasting, J., D. Whitmire, and R. Reynolds. 1993. Habitable zones around main sequence stars. *Icarus* 101: 108 – 28.

Laskar, J., F. Joutel, and P. Robutel. 1993. Stabilization of the Earth's obliquity by the Moon. *Nature* 361: 615 – 17.

Laskar, J., and P. Robutel. 1993. The chaotic obliquity of planets. *Nature* 361: 608 – 14.

McKay, C. 1996. Time for intelligence on other planets. In *Circumstellar Habitable Zones*, ed. L. Doyle, 405 – 19. Menlo Park, CA: Travis House Publications.

Schwartzman, D., and S. Shore. 1996. Biotically mediated surface cooling and habitability for complex life. In *Circumstellar Habitable Zones*, ed. L. Doyle, 421–43. Menlo Park, CA: Travis House Publications.

Volk, T. 1998. *Gaia's Body: Toward a Physiology of Earth*. New York: Copernicus.

第一章

Bain, J. D., A. R. Chamberlin, C. Y. Switzer, and S. A. Benner. 1992. Ribosome-mediated incorporation of non-standard amino acids into a peptide through expansion of the genetic code. *Nature* 356: 537 – 39.

Bain, J. D., E. S. Diala, C. G. Glabe, T. A. Dix, and A. R. Chamberlin. 1989.

Biosynthetic site–specific incorporation of a nonnatural amino acid into a polypeptide. *J. Am. Chem. Soc.* 111: 8013 – 14.

Bains, W. 2001 The parts list of life. *Nat. Biotechnol.* 19: 401 – 2.

———. 2004. Many chemistries could be used to build living systems. *Astrobiology* 4: 137 – 67.

Baross, J. A., and J. W. Deming. 1995. Growth at high temperatures: Isolation and taxonomy, physiology, and ecology. In *The Microbiology of Deep-Sea Hydrothermal Vents*, ed. D. M. Karl, 169 – 217. Boca Raton, FL: CRC Press.

Benner, S. A. 1999. How small can a microorganism be? In *Size Limits of Very Small Microorganisms: Proceedings of a Workshop, Steering Group on Astrobiology of the Space Studies Board*, 126 – 35. Washington, DC: National Research Council.

———. 2004. Understanding nucleic acids using synthetic chemistry. *Accounts Chem. Res.* 37: 784 – 97.

Benner, S. A., and D. Hutter. 2002. Phosphates, DNA, and the search for nonTerran life. A second generation model for genetic molecules. *Bioorg. Chem.* 30: 62 – 80.

Benner, S. A., Ricardo, A., Carrigan, M. A. (2004) Is there a common chemical model for life in the universe? *Curr. Opinion Chem. Biol.* 8: 672 – 89.

Benner, S. A., and A. M. Sismour. 2005. Synthetic biology. *Nature Rev. Genetics* 6: 533 – 43.

Davies, Paul. 1998. *The Fifth Miracle*. Alan Lane/Penguin Press.

Dyson, F. 1999. *Origins of Life*. 2nd ed. Cambridge: Cambridge University Press.

Flechsig, E., and C. Weissmann. 2004. The role of PrP in health and disease. *Curr Mol Med.* 4: 337 – 53.

Haldane, J. 1947. *What Is Life?* New York: Boni and Gaer.

Jackson, G. S., and J. Collinge. 2001. The molecular pathology of CJD: Old and new variants. *J Clin Pathol: Mol Pathol.* 54: 393 – 99.

Luisi, P. L. 1998. About various definitions of life. *Origins Life Evol. Biosphere* 28: 613 – 22.

Olomucki, M. 1993. *The Chemistry of Life*. New York: McGraw-Hill.

Orgel, L. 1973. *The Origins of Life: Molecules and Natural Selection*. New York: Wiley.

Schrodinger, E. 1944. *What Is Life?* Cambridge: Cambridge University Press.

Serio, T. R., et al. 2001. Self-perpetuating changes in Sup35 protein conformation as a mechanism of heredity in yeast. *Biochem Soc Symp.* 68: 35 – 43.

Stetter, K. O. 1999. Extremophiles and their adaptation to hot environments. *FEBS Lett.* 452: 22 – 25.

———. 2002. Hyperthermophilic microorganisms. In *Astrobiology: The Quest for the Conditions of Life*, ed. G. Horneck and C. Baumstark - Khan, 169 – 84. Berlin:

Springer.

Ward, P. 2005. *Life as We Do Not Know It*. New York: Viking Penguin.

West, R. 2002. Multiple bonds to silicon: 20 years later. *Polyhedron* 21: 467 – 72.

Zhang, L., A. Peritz, and E. Meggers. 2005. A simple glycol nucleic acid. *J. Am. Chem. Soc.* 127: 4174 – 75.

第二、三、四章

Charlson, R. J., J. E. Lovelock, M. O. Andreae, and S. G. Warren. 1987. Oceanic phytoplankton, atmospheric sulphur, cloud albedo and climate. *Nature* 326: 655 – 61.

Cox, P. M., R. A. Betts, C. D. Jones, S. A. Spall, and I. J. Totterdell. 2000. Acceleration of global warming due to carbon-cycle feedbacks in a coupled climate model. *Nature* 408: 184 – 87.

Franck, S., C. Bounama, and W. von Bloh. 2006. Causes and timing of future biosphere extinctions. *Biogeosciences* 3: 85 – 92.

Hamilton, W. D. 1995. Ecology in the large: Gaia and Ghengis Khan. *J. Appl. Ecol.* 32: 451 – 53.

Hardin, G. 1968. The tragedy of the commons. *Science* 162: 1243 – 48.

Holland, H. D. 1984. *The Chemical Evolution of the Atmosphere and Oceans*. Princeton, NJ: Princeton University Press.

Hutchinson, G. E. 1954. The biogeochemistry of the terrestrial atmosphere. In *The Earth as a Planet*, ed. G. P. Kuiper, 371 – 433. Chicago: University of Chicago Press.

Jahren, A. H., N. C. Arens, G. Sarmiento, J. Guerrero, and R. Amundson. 2001. Terrestrial record of methane hydrate dissociation in the early Cretaceous. *Geology* 29: 159 – 62.

Kamen, M. D. 1946. Survey of existing knowledge of biogeochemistry. 1. Isotopic phenomena in biogeochemistry. *Bull. Amer. Museum Nat. Hist.* 87: 110 – 38, 223 – 35.

Kirchner, J. W. 1990. Gaia metaphor unfalsifiable. *Nature* 345: 470.

——. 1991. The Gaia hypotheses: Are they testable? Are they useful? In *Scientists on Gaia*, ed. S. H. Schneider and P. J. Boston, 38 – 46. Cambridge: MIT Press.

——. 2002. The Gaia hypothesis: Fact, theory, and wishful thinking. *Clim. Change* 52: 391 – 408.

——. 2003. The Gaia Hypothesis: conjectures and refutations. *Climatic Change*, 58: 21 – 45.

Kirchner, J. W., and B. A. Roy. 1999. The evolutionary advantages of dying young: Epidemiological implications of longevity in metapopulations. *Amer. Nat.* 154: 140 – 59.

Kleidon, A. 2002. Testing the effect of life on Earth's functioning: How Gaian is the Earth System? *Clim. Change* 52: 383 – 89.

Lashof, D. A. 1989. The dynamic greenhouse: Feedback processes that may influence future concentrations of atmospheric trace gases in climatic change. *Clim. Change* 14: 213 – 42.

Lashof, D. A., B. J. DeAngelo, S. R. Saleska, and J. Harte. 1997. Terrestrial ecosystem feedbacks to global climate change. *Ann. Rev. Energy Environ.* 22: 75 – 118.

Legrand, M. R., R. J. Delmas, and R. J. Charlson. 1988. Climate forcing implications from Vostok ice-core sulphate data. *Nature* 334: 418 – 20.

Legrand, M., C. Feniet-Saigne, E. S. Saltzman, C. Germain, N. I. Barkov, and V. N. Petrov. 1991. Ice-core record of oceanic emissions of dimethylsulphide during the last climate cycle. *Nature* 350: 144 – 46.

Lenton, T. M. 1998. Gaia and natural selection. *Nature* 394: 439 – 47.

———. 2001. The role of land plants, phosphorus weathering and fire in the rise and regulation of atmospheric oxygen. *Global Change Biol.* 7: 613 – 29.

———. 2002. Testing Gaia: The effect of life on Earth's habitability and regulation. *Clim. Change* 52: 409 – 22.

Lenton, T. M., and W. von Bloh. 2001. Biotic feedback extends the life span of the biosphere. *Geophys. Res. Lett.* 28: 1715 – 18.

Lenton, T. M., and A. J. Watson. 2000. Redfield revisited 1. Regulation of nitrate, phosphate, and oxygen in the ocean. *Global Biogeochem. Cycles* 14: 225 – 48.

Lenton, T. M., and D. M. Wilkinson. 2003. Developing the Gaia theory: A response to the criticisms of Kirchner and Volk. *Clim. Change* 58.

Lovelock, J. E. 1983. Daisy world: A cybernetic proof of the Gaia hypothesis. *Coevolution Quarterly* 38: 66 – 72.

———. 1986. Geophysiology: A new look at earth science. In *The Geophysiology of Amazonia: Vegetation and Climate Interactions*, ed. R. E. Dickinson, 11 – 23. New York: Wiley.

———. 1988. *The Ages of Gaia*. New York: W. W. Norton.

———. 1990. Hands up for the Gaia hypothesis. *Nature* 344: 100 – 102.

———. 1991. *Gaia—The Practical Science of Planetary Medicine*. London: Gaia Books.

———. 1995. *The Ages of Gaia*. New York: W. W. Norton.

———. 2000. *Homage to Gaia: The Life of an Independent Scientist*. Oxford: Oxford University Press.

Lovelock, J. E., and L. R. Kump. 1994. Failure of climate regulation in a geophysiological model. *Nature* 369: 732 – 34.

Lovelock, J. E., and L. Margulis. 1974a. Homeostatic Tendencies of the Earth's Atmosphere. *Origins Life* 5: 93 - 103.

Lovelock, J. E., and L. Margulis. 1974b. Atmospheric homeostasis by and for the biosphere: The Gaia hypothesis. *Tellus* 26: 2 - 9.

Lovelock, J. E., and A. J. Watson. 1982. The regulation of carbon dioxide and climate: Gaia or geochemistry. *Planet. Space Sci.* 30: 795 - 802.

Malthus, T. R. 1798. *An Essay on the Principle of Population as It Affects the Future Improvement of Society with Remarks on the Speculations of Mr. Godwin, M. Condorcet and Other Writers.* London: J. Johnson.

Petit, J. R., J. Jouzel, D. Raynaud, N. I. Barkov, J.-M. Barnola, I. Basile, M. Bender, J. Chappellaz, M. G. Delaygue, M. Delmotte, V. M. Kotlyakov, M. Legrand, V. Y. Lipenkov, C. Lorius, L. Pepin, C. Ritz, E. Saltzmank, M. and Stievenard. 1999. Climate and atmospheric history of the past 420,000 years from the Vostok ice core, Antarctica. *Nature* 399: 429 - 36.

Popper, K. R. 1963. *Conjectures and Refutations; The Growth of Scientific Knowledge.* London: Routledge and Kegan Paul.

Retallack, G. J. 2002. Carbon dioxide and climate over the past 300 myr. *Phil. Trans. Roy. Soc. London Series A* 360: 659 - 73.

Schimel, D. S., J. I. House, K. A. Hibbard, P. Bousquet, P. Ciais, P. Peylin, B. H. Braswell, M. J. Apps, D. Baker, A. Bondeau, J. Canadell, G. Churkina, W. Cramer, A. S. Denning, C. B. Field, P. Friedlingstein, C. Goodale, M. Heimann, R. A. Houghton, J. M. Melillo, B. Moore, D. Murdiyarso, I. Noble, S. W. Pacala, I. C. Prentice, M. R. Raupach, P. J. Rayner, R. J. Scholes, W. L. Steffen, and C. Wirth. 2001. Recent patterns and mechanisms of carbon exchange.

Schlesinger, W. H. 1997. *Biogeochemistry: An Analysis of Global Change.* San Diego: Academic Press.

Schneider, S. H. 2001. A goddess of Earth or the imagination of a man? *Science* 291: 1906 - 07.

Schwartzman, D., and C. H. Lineweaver. 2005, Temperature, Biogenesis, and Biospheric Self-Organization. In A. Kleidon, and R. Lorenz (eds.), *Non-equilibrium Thermodynamics and the Production of Entropy: Life, Earth and Beyond.* New York: Springer, 207 - 17.

Sober, E., and D. S. Wilson. 1998. *Unto Others: The Evolution and Psychology of Unselfish Behavior.* Cambridge: Harvard University Press.

Volk, T. 1998, *Gaia's Body: Toward a Physiology of Earth.* New York: Copernicus.

——. 2002. Toward a future for Gaia theory. *Clim. Change* 52: 423 - 30.

Watson, A. J., and P. S. Liss. 1998. Marine biological controls on climate via the carbon and sulphur geochemical cycles. *Phil. Trans. Roy. Soc. London, Series B* 353: 41‑51.

Watson, A. J., and J. E. Lovelock. 1983. Biological homeostasis of the global environment: The parable of Daisyworld. *Tellus, Series B: Chem. Phys. Meterol.* 35: 284‑89.

Woodwell, G. M., F. T. Mackenzie, R. A. Houghton, M. Apps, E. Gorham, and E. Davidson. 1998. Biotic feedbacks in the warming of the Earth. *Clim. Change* 40: 495‑518.

Zachos, J., M. Pagani, L. Sloan, E. Thomas, and K. Billups. 2001. Trends, rhythms, and aberrations in global climate 65 ma to present. *Science* 292: 686‑93.

第五章

Berner, R. A. 1994. Geocarb II: A revised model of atmospheric CO_2 over Phanerozoic time. *Am. J. S.* 294: 56‑91.

Franck, S., C. Bounama, and W. von Bloh. 2006. Causes and timing of future biosphere extinctions. *Biogeosciences* 3: 85‑92.

Kirchner, J. W. 1989. The Gaia hypothesis: Can it be tested? *Revue of Geophysics* 27: 223‑35.

————. 1991. The Gaia hypotheses: Are they testable? Are they useful? In *Gaia: A New Look at Life on Earth*, ed. J. E. Lovelock, 38‑46. Oxford: Oxford University Press., Oxford.

Lovelock, J. 1988. *The Ages of Gaia. A Biography of Our Living Earth*. New York: W. W. Norton.

————. 1992. A numerical model for biodiversity. *Phil. Trans. R. Soc. London B* 338: 383‑91.

Lovelock, J. E., and S. R. Epton. 1975. The quest for Gaia. *New Scientist* 6.

Lovelock, J. E., and L. R. Kump. 1994. Failure of climate regulation in a geophysiological model. *Nature* 369: 732‑34.

Lovelock, J. E., and L. Margulis. 1974a. Atmospheric homeostasis by and for the biosphere: The Gaia hypothesis. *Tellus* 26: 1‑10.

————. 1974b. Biological modulation of the Earth's atmosphere. *Icarus* 21: 471.

————. 1974c. Homeostatic tendencies of the Earth's atmosphere. *Origin of Life* 1: 12‑22.

Lovelock, J. E., and A. J. Watson. 1982. The regulation of carbon dioxide and climate: Gaia or geochemistry. *Planet Space Science* 30: 795‑802.

Sellers, A., and A. J. Meadows. 1975. Long-term variations in the albedo and surface temperature of the Earth. *Nature* 254: 44.

Schneider, S. H., and P. J. Boston, eds. 1991. *Scientists on Gaia*. Cambridge: MIT Press.

Vernadsky, V. 1945. The biosphere and the noosphere. *Amer. Sci.* 33: 1 – 12.

Watson, A. J., and J. E. Lovelock. 1983. Biological homeostasis of the global environment: The parable of Daisyworld. *Tellus* 35B: 284 – 89.

第六、七章

Abe, Y., and T. Matsui. 1988. Evolution of an impact-generated H_2O-CO_2 atmosphere and formation of a hot proto-ocean on Earth. *J. Atmos. Sci.* 45: 3081 – 3101.

Armstrong, R. L. 1991. The persistent myth of crustal growth. *Aust. J. Earth Sci.* 38: 613 – 30.

Berner, R. A. 1991. A model for atmospheric CO_2 over Phanerozoic time. *Am. J. Sci.* 291: 339 – 76.

———. 1992. Weathering, plants, and long–term carbon cycle. *Geochim. Cosmochim. Acta* 56: 3225 – 31.

———. 1993. Paleozoic atmospheric CO_2 : Importance of solar radiation and plant evolution. *Science* 261: 68 – 70.

———. 1994. Geocarb-II—A revised model of atmospheric CO_2 over Phanerozoic time. *Am. J. Sci.* 294: 56 – 91.

———. 1997. The rise of plants and their effect on weathering and atmospheric CO_2 . *Science* 276: 544 – 46.

Berner, R.A., and D. M. Rye. 1992. Calculation of the Phanerozoic strontium isotope record of the ocean from a carbon cycle model. *Am. J. Sci.* 292: 136 – 48.

Berner, R.A., A. C. Lasaga, and R. M. Garrels. 1983. The carbonate-silicate geochemical cycle and its effect on atmospheric carbon dioxide over the past 100 million years. *Am. J. Sci.* 283: 641 – 83.

Bormann, B. T., D. Wang, F. H. Bormann, G. Benoit, R. April, and M. C. Snyder. 1998. Rapid, plant–induced weathering in an aggrading experimental ecosystem. *Biogeochemistry* 43: 129 – 55.

Caldeira, K., and J. F. Kasting. 1992. The life span of the biosphere revisited. *Nature* 360: 721 – 23.

Christensen, U. R. 1985. Thermal evolution models for the Earth. *J. Geophys. Res.* 90: 2995 – 3007.

Cochran, M. F., and R. A. Berner. 1992. The quantitative role of plants in weathering. In *Water–Rock Interaction*, ed. Y. K. Kharaka and A. S. Maest, 473 – 76.

Cohen, J. E. 1995. *How Many People Can the Earth Support?* New York: Norton.

Franck, S. 1992. Olivine flotation and crystallization of a global magma ocean. *Phys. Earth Planet. Inter*. 74: 23 - 28.

Franck, S., A. Block, W. von Bloh, C. Bounama, H. J. Schellnhuber, and Y. Svirezhev. 2000. Reduction of biosphere life span as a consequence of geodynamics. *Tellus* 52B: 94 - 107.

Franck, S., and C. Bounama 1995a. Effects of water-dependent creep rate on the volatile exchange between mantle and surface reservoirs. *Phys. Earth Planet. Inter*. 92: 57 - 65.

——. 1995b. Rheology and volatile exchange in the framework of planetary evolution. *Adv. Space. Res*. 15:79 - 86.

——. 1997. Continental growth and volatile exchange during Earth's evolution. *Phys. Earth Planet. Inter*. 100: 189 - 96.

Franck, S., C. Bounama, and W. von Bloh. 2006. Causes and timing of future biosphere extinctions. *Biogeosciences* 3: 85 – 92.

Franck, S., and I. Orgzall. 1988. High-pressure melting of silicates and planetary evolution of Earth and Mars. *Gerlands Beitr. Geophys*. 97: 119 - 133.

François, L. M., and J.C.G. Walker. 1992. Modelling the phanerozoic carbon cycle and climate: constraints from the 87Sr/86Sr isotopic ratio of seawater. *Am. J. Sci*. 292: 81 - 135.

Goddéris, Y., and L. M. François. The cenozoic evolution of the strontium and carbon cycle: Relative importance of continental erosion and mantle exchanges. *Chem. Geology* 126: 169 - 90.

Gough, D. O. 1981. Solar interior structure and luminosity variations. *Sol. Phys*. 74: 21 - 34.

Henderson-Sellers, A., and B. Henderson-Sellers. 1988. Equable climate in the early Archaean. *Nature* 336: 117 - 18.

Kasting, J. F. 1982. Stability of ammonia in the primitive terrestrial atmosphere. *J. Geophys. Res*. 87: 3091 - 98.

——. 1984. Comments on the BLAG model: The carbonate-silicate geochemical cycle and its effect on atmospheric carbon dioxide over the past 100 million years. *Am. J. Sci*. 284: 1175 - 82.

——. 1987. Theoretical constraints on oxygen and carbon dioxide concentrations in the Precambrian atmosphere. *Precambrian Res*. 34: 205 - 29.

——. 1997. Warming early Earth and Mars. *Science* 276: 1213 - 15.

Kasting, J. F., S. M. Richardson, J. B. Pollack, and O. B. Toon. 1986. A hybrid model of the CO_2 geochemical cycle and its application to large impact events. *Am. J. S*. 286: 361 – 389.

Kuhn, W. R., J.C.G. Walker, and H. G. Marshall. 1989. The effect on Earth's surface temperature from variations in rotation rate, continent formation, solar luminosity, and carbon dioxide. *J. Geophys. Res*. 94: 11129 – 36.

Lasaga, A. C., R. A. Berner, R. M. Garrels. 1985. An improved geochemical model of atmospheric CO_2 fluctuations over past 100 million years. In *The Carbon Cycle and Atmospheric CO_2 : Natural Variations Archaean to Present*, ed. E. T. Sundquist and W. S. Broecker, 397 – 411. Washington, DC: American Geophysical Union.

Lenton, T. M. 1998. Gaia and natural selection. *Nature* 394: 439 – 47.

Lenton, T. M., and W. von Bloh. 2001. Biotic feedback extends the life span of the biosphere. *Geophys. Res. Letters* 28: 1715 – 18.

Lovelock, J. E. 1995. *The Ages of Gaia—A Biography of Our Living Earth*. 2nd ed. Oxford: Oxford University Press.

Lovelock, J. E., and M. Whitfield. 1982. Life span of the biosphere. *Nature* 296: 561 – 63.

Marshall, H. G., J.C.G. Walker, and W. R. Kuhn. 1988. Long-term climate change and the geochemical cycle of carbon. *J. Geophys. Res*. 93: 781 – 801.

Matsui, T., and Y. Abe. 1986. Evolution of an impact-induced atmosphere and magma ocean on the accreting Earth. *Nature* 319: 303 – 5.

McGovern, P. J., and G. Schubert. 1989. Thermal evolution of the Earth: Effects of volatile exchange between atmosphere and interior. *Earth Planet Sci. Lett*. 96: 27 – 37.

Meissner, R. 1986. *The Continental Crust*. Orlando: Academic Press.

Moulton, K., and R. A. Berner. 1998. Quantification of the effect of plants on weathering: Studies in Iceland. *Geology* 26: 895 – 98.

Newson, H. E., and J. H. Jones, eds. 1990. *Origin of the Earth*. New York: Oxford University Press, and Houston: Lunar and Planetary Institute.

Owen, T., R. D. Cess, and V. Ramanathan. 1979. Enhanced CO_2 greenhouse to compensate for reduced solar luminosity on early Earth. *Nature* 277: 640 – 42.

Raup, D. M., and J. J. Sepkoski. 1982. Mass extinctions in the marine fossil record. *Science* 215: 1501 – 03.

Reymer, A., and G. Schubert. 1984. Phanerozoic addition rates of the continental crust and crustal growth. *Tectonics* 3: 63 – 67.

Rye, R., P. H. Kuo, and H. D. Holl. 1997. Atmospheric carbon dioxide concentrations before 2.2 billion years ago. *Nature* 378: 603 – 5.

Sagan, C. 1977. Reduced greenhouse and the temperature history of the Earth and Mars. *Nature* 269: 224 – 26.

Sagan, C. and Ch. Chyba. 1997. The early faint young Sun paradox: Organic shielding of ultraviolet-labile greenhouse gases. *Science* 276: 1217 – 21.

Sagan, C. and G. Mullen. 1972. Earth and Mars: Evolution of atmospheres and surface temperatures. *Science* 177: 52 – 56.

Schneider, S. H., and P. J. Boston, eds. 1993. *Scientists on Gaia*. Cambridge: MIT Press.

Schwartzman, D. W. 1999. *Life, Temperature and the Earth: The Self-Organizing Biosphere*. New York: Columbia University Press.

Schwartzman, D. W., and T. Volk. 1989. Biotic enhancement of weathering and the habitability of Earth. *Nature* 340: 457 – 60.

Stevenson, D. J., T. Spohn, and G. Schubert. 1983. Magnetism and the thermal evolution of the terrestrial planets. *Icarus* 54: 466 – 89.

Stumm, W., and J. J. Morgan, eds. 1981. *Aquatic Chemistry*. New York: Wiley.

Tajika, E., and T. Matsui. 1992. Evolution of terrestrial proto-CO_2 atmosphere coupled with thermal history of the *Earth. Earth Planet. Sci. Lett.* 113: 251 – 66.

Taylor, S. R., and S. M. McLennan. 1995. The geological evolution of the continental crust. *Rev. Geophysics* 33: 241 – 65.

Turcotte, D. L., and G. Schubert. 1982. *Geodynamics*. New York: Wiley.

Volk, T. 1987. Feedbacks between weathering and atmospheric CO_2 over the last 100 million years. *Am. J. Sci.* 287: 763 – 79.

Walker, J.C.G. 1982. Climatic factors on the Archean Earth. *Palaeogeogr. Palaeoclimat. Palaeoecol.* 40: 1 – 11.

Walker, J.C.G., P. B. Hays, and J. F. Kasting. 1981. A negative feedback mechanism for the long-term stabilization of Earth's surface temperature. *J. Geophys. Res.* 86: 9776 – 82.

Watson, A. J., and J. E. Lovelock. 1983. Biological homeostasis of the global environment: The parable of Daisyworld. *Tellus* 35B: 284 – 89.

Williams, D. R., and V. Pan. 1992. Internally heated mantle convection and the thermal and degassing history of the Earth. *J. Geophys. Res.* 97 B6: 8937 – 50.

Zahnle, K. J., J. F. Kasting, and J. B. Pollack. 1988. Evolution of a steam atmosphere during Earth's formation. *Icarus* 74: 62 – 97.

第八章

Brown, L, C. Flavin, and H. French. 1999. *State of the World*, 1999. New York: Norton/Worldwatch Books.

Caldeira, K., and J. Kasting. 1992a. The life span of the biosphere revisited. *Nature* 360: 721 – 23.

Cohen, J. 1995. *How Many People Can the Earth Support*? New York: W. W. Norton.

Franck, S., C. Bounama, and W. von Bloh. 2006. Causes and timing of future biosphere extinctions. *Biogeosciences* 3: 85 - 92.

Fuller, E. 1987. *Extinct Birds*. New York: Facts on File.

Goudie, A., and H. Viles. 1997. *The Earth Transformed*. New York: Blackwell.

Hallam, A., and P. Wignall. 1997. *Mass Extinctions and Their Aftermath*. Oxford: Oxford University Press.

McKinney, M., ed. 1998. *Diversity Dynamics*. New York: Columbia University Press.

Salvadori, F. 1990. *Rare Animals of the World*. New York: Mallard Press.

Stanley, S. 1987. *Extinctions*. San Francisco: W. H. Freeman.

Walker, J.C.G. 1977. *Evolution of the Atmosphere*. London: Macmillan.

Ward, P. 1994. *The End of Evolution*. New York: Bantam Doubleday Dell.

Wilson, E. 1992. *The Diversity of Life*. Cambridge: Harvard University Press.

第十、十一章

Benarde, M. A. 1992. *Global Warning—Global Warming*. New York: Wiley.

Berner, R. A., and A. C. Lasaga. 1989. Modeling the geochemical carbon cycle. *Scientific American* 260: 74.

Bilger, B. 1992. *Global Warming*. New York: Chelsea House.

Bolin, B. 1986. *The Greenhouse Effect, Climatic Change, and Ecosystems*. New York: Wiley.

Cerling, T. E., J. R. Ehleringer, and J. M. Harris. 1998. Carbon dioxide starvation, the development of C_4 ecosystems, and mammalian evolution. *Phil. Trans. R. Soc. Lond.* B 353: 159 - 71.

Cerling, T. E., J. M. Harris, B. J. MacFadden, M. G. Leakey, J. Quade, V. Eisenmann, and J. R. Ehleringer. 1997. Global vegetation change through the Miocene—Pliocene boundary. *Nature* 389: 153 - 58.

Chapin, F. S. 1992. *Arctic Ecosystems in a Changing Climate: An Ecophysiological Perspective*. San Diego: Academic Press.

Clarkson, J., and J. Schmandt. 1992. *The Regions and Global Warming: Impacts and Response Strategies*. New York: Oxford University Press.

Condie, K. C. 1984. *Plate Tectonics and Crustal Evolution*. 2nd ed. Oxford: Pergamon Press.

Cotton, W. R., and R. A. Pielke. 1995. *Human Impacts on Weather and Climate*. New York: Cambridge University Press.

Coward, H. G., and T. Hurka. 1993. *The Greenhouse Effect: Ethics and Climate Change*. Waterloo: Wilfrid Laurier University Press.

Cox, A. 1973. *Plate Tectonics and Geomagnetic Reversals.* San Francisco: W. H. Freeman.

Crutzen, P. J., and T. E. Graedel. 1995. *Atmosphere, Climate, and Change.* New York: *Scientific American* Library.

Dalziel, I.W.D. 1992. On the organization of American plates in the Neoproterozoic and the breakout of Laurentia. *GSA Today* 2: 237.

DePaolo, D. J. 1984. The mean life of continents; estimates of continental recycling from Nd and Hf isotopic data and implications for mantle structure. *Geophys. Res. Lett.* 10: 705 - 8.

Dietz, R. S. 1961. Continent and ocean basin evolution by spreading of the sea floor. *Nature* 190: 854 - 57.

Dornbusch, R., and J. Poterba. 1991. *Global Warming.* Cambridge: MIT Press.

Ehleringer, J. R., and T. E. Cerling. 1995. Atmospheric CO_2 and the ratio of intercellular to ambient CO_2 levels in plants. *Tree Physiol.* 15: 105 - 11.

Ehleringer, J. R., T. E. Cerling, and B. R. Helliker. 1997. C_4 photosynthesis, atmospheric CO_2 , and climate. *Oecologia* 112: 285 - 99.

Ephraums, J. J., J. T. Houghton, and G. J. Jenkins. 1990. *Climate Change: The IPCC Scientific Assessment.* New York: Cambridge University Press.

Firor, J. 1990. *The Changing Atmosphere: A Global Challenge.* New Haven: Yale University Press.

Fisher, D. E. 1990. *Fire and Ice: The Greenhouse Effect, Ozone Depletion, and Nuclear Winter.* New York: Harper and Row.

Flavin, C. 1989. *Slowing Global Warming: A Worldwide Strategy.* Washington, DC: Worldwatch Institute.

Fyfe, W. S. 1978. The evolution of the Earth's crust: Modern plate tectonic to ancient hotspot tectonic? *Chem. Geol.* 23: 89 - 114.

Gates, D. M. 1993. *Climate Change and Its Biological Consequences.* Sunderland, MA: Sinauer Associates.

Gay, K. 1986. *The Greenhouse Effect.* New York: F. Watts.

Glantz, M. H. 1991. The use of analogies in forecasting ecological and societal responses to global warming. *Environment* 33: 10.

Gribbin, J. R. 1982. *Future Weather and the Greenhouse Effect.* New York: Delacorte Press/Eleanor Friede.

———. 1990. *Hothouse Earth: The Greenhouse Effect and Gaia.* New York: Grove Weidenfeld.

Hess, H. H. 1962. History of ocean basins. In *Petrologic Studies—A Volume to Honor A. F. Buddington,* ed. A.E.J. Engel et al., 599 - 620. Boulder: Geological Society of America.

Hare, T., and A. Khan. 1990. *The Greenhouse Effect*. New York: Gloucester Press.

Hewitt, C. N., and W. T. Sturges. 1993. *Global Atmospheric Chemical Change*. New York: Elsevier Applied Science.

Jones, P. D., and T.M.L. Wigley. 1990. Global warming trends. *Scientific American* 263: 84.

Kellogg, W.W. and R. Schware. *Climate Change and Society: Consequences of Increasing Atmospheric Carbon Dioxide*. Boulder: Westview Press.

Krause, F. 1992. *Energy Policy in the Greenhouse*. New York: Wiley.

Lovejoy, T. E., and R. L. Peters. 1992. *Global Warming and Biological Diversity*. New Haven: Yale University Press.

McCuen, G. E. 1987. *Our Endangered Atmosphere: Global Warming and the Ozone Layer*. Hudson: Gary E. McCuen Publications.

Mesirow, L. E., and S. H. Schneider. 1976. *The Genesis Strategy: Climate and Global Survival*. New York: Plenum Press.

Mitchell, G. J. 1991. *World on Fire: Saving an Endangered Earth*. Toronto: Collier Macmillan Canada.

Naess, A. 1989. *Ecology, Community and Lifestyle*. Cambridge: Cambridge University Press.

Nance, J. J. 1991. *What Goes Up: The Global Assault on Our Atmosphere*. New York: W. Morrow.

Oppenheimer, M. 1990. *Dead Heat: The Race against the Greenhouse Effect*. New York: Basic Books.

Reckman, A. 1991. *Global Warming*. New York: Gloucester Press.

Reukin, A. 1992. *Global Warming: Understanding the Forecast*. New York: Abbeville Press.

Schneider, S. H. 1989. *Global Warming: Are We Entering the Greenhouse Century*? San Francisco: Sierra Club Books.

————. 1990a. Debating GAIA. *Environment* 32: 4.

————. 1990b. Prudent planning for a warmer planet. *New Scientist* 128: 49.

Sedjo, R. A. 1989. Forests: A tool to moderate global warming. *Environment* 31: 14.

Simons, P. 1992. Why global warming could take Britain by storm. *New Scientist* 136: 35.

South, E. L. 1990. *The Changing Atmosphere: A Global Challenge*. New Haven: Yale University Press.

Uyeda, S. (1987) *The New View of the Earth*. San Francisco: W. H. Freeman.

Vine, F. J., and D. H. Mathews. 1963. Magnetic anomalies over oceanic ridges.

Nature 199: 947‑49.

   Ward, P., and D. Brownlee. 2003. *Rare Earth*. New York: Copernicus.

   Wegener, A. 1912. Die Entstehung der Kontinente. *Geol. Rundschau* 3: 276‑92.

   ———. 1924. *The Origin of Continents and Oceans*. London: Methuen.

   Wilson, J. T. 1965. A new class of faults and their bearing on continental drift. *Nature* 207: 343‑46.

图书在版编目(CIP)数据

美狄亚假说：地球生命会自我毁灭吗？/(美)彼得·沃德
著;赵佳媛译.—上海:上海科技教育出版社,2019.12
 (哲人石丛书.当代科普名著系列)
 书名原文:The Medea Hypothesis：Is Life on Earth Ulti-
mately Self-Destructive?
 ISBN 978-7-5428-7126-8

Ⅰ.①美… Ⅱ.①彼… ②赵… Ⅲ.①生命起源—普
及读物 ②生物–进化–普及读物 Ⅳ.①Q10-49 ②
Q11-49

中国版本图书馆CIP数据核字(2019)第232084号

责任编辑 林赵璘 伍慧玲
装帧设计 李梦雪

美狄亚假说——地球生命会自我毁灭吗？
彼得·沃德 著
赵佳媛 译

出版发行 上海科技教育出版社有限公司
      (上海市柳州路218号 邮政编码200235)
网 址 www.sste.com www.ewen.co
经 销 各地新华书店
印 刷 常熟市文化印刷有限公司
开 本 720×1000 1/16
印 张 14
版 次 2019年12月第1版
印 次 2019年12月第1次印刷
书 号 ISBN 978-7-5428-7126-8/N·1067
图 字 09-2017-871号
定 价 42.00元

The Medea Hypothesis:
Is Life on Earth Ultimately Self-Destructive?

by

Peter Ward

Copyright 2009 © by Princeton University Press

Chinese (Simplified Characters) Edition Copyright © 2019

by Shanghai Scientific & Technological Education Publishing House

Published by arrangement with Princeton University Press

through Bardon Chinese Media Agency

ALL RIGHTS RESERVED

No part of this book may be reproduced or transmitted in any form or by

any means, electronic or mechanical, including photocopying, recording or

by any information storage and retrieval system, without permission in

writing from the Publisher.

上海科技教育出版社业经 Princeton University Press 授权

取得本书中文简体字版版权

哲人石丛书

当代科普名著系列　　当代科技名家传记系列
当代科学思潮系列　　科学史与科学文化系列

第 一 辑

第 二 辑

第 三 辑

第四辑

第五辑